Fracking – Die neue Produk

Christiane Habrich-Böcker
Beate Charlotte Kirchner
Peter Weißenberg

Fracking – Die neue Produktionsgeografie

2., aktualisierte und korrigierte Auflage

Christiane Habrich-Böcker
München
Deutschland

Peter Weißenberg
München
Deutschland

Beate Charlotte Kirchner
München
Deutschland

ISBN 978-3-658-05886-9
ISBN 978-3-658-05887-6 (eBook)
DOI 10.1007/978-3-658-05887-6

Die Deutsche Nationalbibliothek verzeichnet diese Publikation in der Deutschen Nationalbibliografie; detaillierte bibliografische Daten sind im Internet über http://dnb.d-nb.de abrufbar.

Springer Gabler

Lektorat: Stefanie Brich

Gedruckt auf säurefreiem und chlorfrei gebleichtem Papier

Springer Gabler ist eine Marke von Springer DE. Springer DE ist Teil der Fachverlagsgruppe Springer Science+Business Media
www.springer-gabler.de

Geleitwort

Die Energieversorgung der Welt steht vor einer radikalen Wende: Mit Fracking erschließt eine Förderart bislang unerreichbare Öl- und Gasquellen in der Tiefe. Das verändert die Spielregeln im globalen Energiemarkt.

Durch die Ausbeutung dieser sogenannten unkonventionellen Lagerstätten können einige Staaten, die bislang von Öl- und Gas-Importen abhängig sind, zu Exporteuren aufsteigen. Die Preise für Energie werden gerade in diesen Regionen enorm sinken. Unternehmen investieren Milliarden in Fracking und die LNG-Technologie zur Erdgasverflüssigung – und verändern damit das Gefüge der Weltwirtschaft. Für energieintensive Industrien wie Stahl- und Aluminiumhütten, Automobilfertigung oder Maschinenbau werden etwa Verlagerungen in der Produktion nötig, um die Wettbewerbsfähigkeit zu halten.

Doch die Fracking-Technologie ist heftig umstritten. In diesem Buch stellen Experten den neuesten Stand der Diskussion, Chancen und Risiken des Fracking-Booms vor. Entscheider aus Politik, Wirtschaft und Gesellschaft können sich so ein unvoreingenommenes Bild machen, um in einer aufgeheizten Debatte kompetent teilnehmen zu können.

Christiane Habrich-Böcker
Beate Charlotte Kirchner
Peter Weißenberg

Läuft etwas schief bei dem komplizierten Vorgang, den wir öffentliche Meinungsbildung nennen? Blättert man dieser Tage durch die Zeitungen, kann man diesen Eindruck bekommen. Da werden kritische Themen von vornherein zu gesellschaftlichen Tabuzonen erklärt, über die man als Politiker besser nicht redet, wenn man sich nicht unbeliebt machen will. Da werden Debatten über den Sinn oder Unsinn neuer Technologien mit politischen Machtworten beendet, bevor sie überhaupt den nötigen Erkenntnisgewinn gebracht haben. Und da werden jene, die für eine offene Diskussion plädieren, gleich als voreingenommen abqualifiziert.

Ein Beispiel, an dem sich die Mechanismen derzeit besonders gut nachvollziehen lassen, ist Fracking. Diese Fördermethode soll, so die Hoffnung ihrer Befürworter, bislang unerreichbare Erdöl- und Erdgasreserven freisetzen – mithilfe technischer Tiefenbohrungen, bei denen Chemikalien in den Boden eingepresst werden. Die Flüssigkeit sprengt das Gestein und macht die Förderung so erst möglich.

Man kann und muss offen über die Vor- und Nachteile einer solchen Technologie diskutieren, vor allem muss die Wissenschaft sich aktiv und engagiert an einer solchen Debatte beteiligen. Beim Thema Fracking jedoch sind die Fronten verhärtet, die Politik übt sich in Seitwärtsbewegungen, und die Wissenschaft beginnt das Thema zu meiden. Schließlich will man sich keine blutige Nase holen. Das Ergebnis: Es gewinnt nicht das beste Argument, ob Fracking in Deutschland eine sinnvolle Technologie sein kann – oder eben gerade nicht. Es gewinnt die Angst.

Fest steht: Je weniger wir unliebsame Diskussionen austragen, je weniger Argumente und je mehr Plattitüden wir austauschen, desto mehr leidet die öffentliche Meinungsbildung. Die Bevölkerung wird gar nicht erst korrekt und umfassend informiert. So kann sie sich kein fundiertes, auf Fakten basiertes Urteil zu Themen bilden, die für ihr Wohlergehen von Bedeutung sein könnten.

Wenn das hier vorliegende Buch dazu beitragen kann, diesen Zustand zumindest beim Thema Fracking zu ändern, ist viel gewonnen. Es kann und darf in der Wissenschaft nicht darum gehen, als eine Art Hidden Agenda bestimmte Sichtweisen zu fördern und andere zu unterdrücken. Die einzige Sichtweise, die es zu fördern gilt, ist die, dass möglichst viel Wissen über strittige Themen allen weiterhilft. In diesem Sinne wünsche ich Ihnen eine angenehme und erkenntnisreiche Lektüre – und uns allen eine öffentliche Meinungsbildung, die uns klüger macht und uns erlaubt, alle Fragen zu stellen, die wir brauchen, um klüger zu werden.

Helmholtz-Gemeinschaft Deutscher Forschungszentren
Jan-Martin Wiarda
Leiter Bereich Kommunikation und Medien

Vorwort

„Ein ganz besonderer Saft"

Mephisto schwärmt in Goethes Faust mit diesen Worten vom Lebenselixier Blut. Ohne den ganz besonderen Saft kann der Mensch nicht existieren. Für die Weltwirtschaft kommt der ganz besonderer Saft eindeutig immer noch aus der Erde: Es ist die fossile Energie, die unsere Zivilisation antreibt. Nach wie vor. Vor allem Öl, Kohle und Gas sind die Hauptenergieträger.

Doch diese Vorräte sind endlich. Darum brauchen industrielle und private Verbraucher dringend neue Ressourcen – und neben dem zarten Pflänzchen der erneuerbaren Energien ist es unzweifelhaft auch notwendig, Erdgas- und Erdöl-Reserven zu erschließen, die mit konventionellen Bohrtechniken nicht an die Oberfläche zu bringen sind.

Seit Jahrzehnten leistet dazu die Fracking-Technologie einen Beitrag – auch in Europa. Doch erst mit dem massiven Ausbau in den USA ist diese Methode in den Fokus der Öffentlichkeit geraten. Zu Recht: Denn Fracking führt wahrscheinlich zu einer neuen Produktionsgeografie. Fracking und neue Techniken der Erdgas-Aufbereitung werden so auch die Weltwirtschaft verändern. Die Karten der bisherigen Gewinner und Verlierer werden neu gemischt.

Wer nicht mitspielt, hat schon verloren. Aber was kann der verlieren, der das falsche Blatt hält? Dieses Buch will über Möglichkeiten, Chancen und Risiken aufklären. Dabei wird auch von Meinungen, Ängsten und Diskussionen die Rede sein. Vor allem aber von Fakten, Hintergründen und Perspektiven.

Christiane Habrich-Böcker verfasste die die Beträge über Auswirkung auf das globale wirtschaftliche Umfeld und die energieintensive Industrie. Peter Weißenberg recherchierte und schrieb zum Thema Energieindustrie, Beate Charlotte Kirchner stellt den Status quo in der politischen Landschaft sowie die Gegenpositionen dar.

Ein freier Geist und fundiertes Wissen sind gerade bei der Diskussion um das Thema Fracking entscheidend wichtig. Es geht schließlich um einen ganz besonderen Saft.

Inhaltsverzeichnis

1 Fracking – Fluch oder Segen? 1
1.1 Grundsätzliches zu Fracking 3
1.2 Technische Basis 10
1.3 Stand der Forschung 13
Literatur 17

2 Die weltweiten Fracking-Gebiete 19

3 Die Auswirkungen auf die Wirtschaft 27
3.1 Der Faktor Energie in der Kostenrechnung 29
3.2 Die Energiepreise und die Standortwahl 30
3.2.1 Das Fracking in den Schwellenländern 34
3.2.2 Das mögliche Verbot in der EU 35
3.3 Die Reaktionen der Finanzmärkte/Investoren 36
3.4 Die politischen Eingriffe 37
3.5 Die Energiewende und ihr Einfluss auf die Standortfrage 38
Literatur 39

4 Die Pläne der Energieversorger 41
4.1 Fracking und LNG revolutionieren den globalen Energiemarkt 42
4.1.1 Situation in den USA 43
4.1.2 Situation in China 43
4.1.3 Situation in Europa 45
4.1.4 LNG schafft den freien Erdgas-Markt 47
4.2 Pläne großer Energieversorger in aller Welt 48
4.2.1 Auswirkung auf das US-Marktgefüge 49
4.2.2 Aktivitäten in Europa 51
4.2.3 Aktivitäten in China und Russland 52

4.2.4 „Goldenes Gaszeitalter“ dank LNG 53
4.2.5 Deutsche Unternehmen 54
4.3 Erdgas in Deutschland – die Sicht der Energiewirtschaft 56
4.3.1 Bedeutung der deutschen Erdgasressourcen 56
4.3.2 Die Industrie und ihre Fracking-Aktivitäten 58
4.3.3 Fracking für Deutschland – Fracking in Deutschland? 60
4.4 Fracking als wirtschaftliche Bedrohung 61
Literatur 61

5 Die energieintensiven Branchen 63
5.1 Der Energieverbrauch und die wirtschaftlichen Zukunft 66
5.2 Die Industrie und die Abhängigkeit von Versorgungs- und Preisstabilität 72
5.3 Die Energieintensiven Industrien suchen Lösungen 73
5.4 Die Auswirkungen von Fracking auf die Mobilität von morgen 74
5.4.1 Gas kann umweltfreundliche Mobilität fördern 77
Literatur 80

6 Die Argumente der Gegner unter der Lupe 81
6.1 Die ökologischen Faktoren 82
6.1.1 Risiken für das Wasser 82
6.1.2 Humantoxologische Risiken 88
6.1.3 Die Klimabilanz 92
6.1.4 Effekte auf Landschaft, Flora und Fauna 93
6.1.5 Die seismischen Risiken 94
6.2 Die ökonomischen Faktoren 95
6.2.1 Fracking ist nicht wirtschaftlich 95
6.2.2 Gaspreise sinken nicht dauerhaft 97
6.2.3 Kein Wettbewerbsvorteil durch Preiseffekt 99
6.2.4 Die Haftungsfrage ist nicht geklärt 101
6.3 Studien und Untersuchungen 103
Literatur 105

7 Die konträren politischen Standpunkte 107
7.1 Die politische Brisanz des Themas 108
7.1.1 Der globale Kontext der Energieversorgung 108
7.1.2 Die Energiepolitik und Energieeffizienz 110
7.1.3 Die Grundsatzfrage: Angebots- oder Nachfrageseite 112

7.2 Ohne Fracking geht es nicht ... 114
7.2.1 USA zielt auf Energieunabhängigkeit ... 114
7.2.2 Günstige Rahmenbedingungen in den USA ... 116
7.3 Die Energiewirtschaft im globalen Kontext ... 119
7.3.1 Der Preissturz in den USA ... 119
7.3.2 Mögliche geopolitische Implikationen ... 120
7.3.3 Folgen für den Energiegiganten Russland und Europa ... 122
7.3.4 Mit LNG-Importen gegen die Gasabhängigkeit von Russland? ... 123
7.4 Fracking darf nicht zum Einsatz kommen ... 125
7.4.1 Relevante Studien ... 125
7.4.2 Alternative und innovative Methoden zur Energiegewinnung ... 128
7.5 Diskussion in Deutschland und Europa ... 130
7.5.1 Deutschland und das Ziel Energiewende ... 130
7.5.2 Status quo und Aussichten in der Europäischen Union ... 133
Literatur ... 138

Glossar ... 139

Die wichtigsten Websites ... 145

Abkürzungsverzeichnis

AEO	American Energy Outlook
Barrel	vom engl. Fass, eine Maßeinheit des Raums
bbl	1 Barrel Öl, in der petrochemischen Industrie gilt 1 bbl. (Imperial, d. h. britisch (=35 Gallonen) und U.S., d. h. US-amerikanisch (=42 Gallonen))
bcf	billion cubic feet, Milliarden Kubikfuß, Maßeinheit, mit der vorhandene Ressourcen sowie Fördermengen beziffert werden
BGR	Bundesanstalt für Geowissenschaften und Rohstoffe
BHP	BHP Billiton, weltweit größter Bergbaukonzern
BIP	Bruttoinlandsprodukt
BSP	Bruttosozialprodukt
BMU	Bundesministerium für Umwelt, Naturschutz und Reaktorsicherheit
BTU	British Thermal Unit (1,055 J) Einheit für Energie, Wärmeenergie, die benötigt wird, um ein britisches Pfund Wasser um 1 Grad Fahrenheit zu erwärmen
BVOT	Tiefbohrverordnungen
Clean Air Act	US-amerikanisches Gesetz zur Luftreinhaltung, dessen Kernstück der Emissionshandel ist
Clean Water Act	Gewässerschutzverordnung
CLP	Classification, Labelling and Packaging, Global harmonisierte System zur Einstufung und Kennzeichnung von Chemikalien
CO_2	Kohlendioxid
EEG	Erneuerbare-Energien-Gesetz
EIA	Energy Information Administration of the U.S. Department of Energy
GIP	Gas-In-Place
IEA	International Energy Agency, Internationale Energieagentur
IPCC	Intergovernmental Panel on Climate Change

LBEG	Landesamt für Bergbau, Energie und Geologie
LNG	Liquefied Natural Gas – hoch verdichtetes Erdgas, das sich über weite Strecken transportieren lässt.
LPG	Liquefied Petroleum Gas, internationale Bezeichnung für Flüssiggas
OPEC	Organization of Petroleum Exporting
PwC	PricewaterhouseCoopers AG, Unternehmensberatung und Wirtschaftsprüfungsgesellschaft
REACH	Registration, Evaluation, Authorisation of Chemicals – Registrierung, Bewertung, Zulassung und Beschränkung chemischer Stoffe in der Europäischen Union
SDWA	Safe Drinking Water Act, Trinkwasserschutzgesetz
SRU	Sachverständigenrat für Umweltfragen
tcf	trillion cubic feet – Ressourcen in Billionen Kubikfuß
THG	Treibhausgas
URR	Ultimate Recovery Rate
U.S. EPA	U.S. Environmental Protection Agency – US-amerikanische Umweltbehörde
USGS	U.S. Geological Survey, Geologischer Dienst der USA
UVP	Umweltverträglichkeitsprüfung
WEO	World Energy Outlook
WGK	Wassergefährdungsklasse ist ein Begriff aus dem deutschen Wasserrecht. Vereinfacht bezeichnet sie das Potenzial verschiedener Stoffe zur Verunreinigung von Wasser
WHG	Wasserhaushaltsgesetz

Fracking – Fluch oder Segen? 1

Das Thema spaltet derzeit die Öffentlichkeit: Gewinnung von Öl oder Gas, vor allem der Hebung der sogenannten unkonventionellen Ressourcen durch Fracking. Die Positionen in der Debatte sind konträr. Die Vertreter der einen Seite sagen zum Beispiel: Fracking greift massiv in die geologischen Gegebenheiten ein, verunreinigt das Wasser und senkt den Grundwasserspiegel. Dazu kommt: Für Menschen, in deren Umfeld Fracking-Bohrungen durchgeführt werden, ist die Art der Energiegewinnung eine hohe Belastung. Eine Fernsehreportage zeigte Horrorbilder wie Leitungswasser, das so mit Methan versetzt ist, dass es hoch entzündlich ist. Oder der Kinofilm „Promised Land" argumentierte mit Enteignungsszenarien von Ölgesellschaften etc. und stellt das Fracking als Kapitalisten-Vehikel an den Pranger.

Die andere Meinungsseite sieht dank Fracking das Ende der Energieknappheit, die durch die Peak-Oil-Szenarien heraufbeschwört wurden. Denn dank der Technologie werden Ressourcen förderbar, die bislang unerreichbar im Schiefergestein in rund vier Kilometer Tiefe eingeschlossen waren. Das Fracking-Exempel Nordamerika zeigt die positive Entwicklung: Die USA sind auf dem Weg durch die Fördermethode vom Gas-Importeur zum dauerhaften -Exporteur zu werden. Das hat Folgen für den Gaspreis in den Staaten. Die weiteren positiven Argumente: Fracking wird zum Jobmotor und mit der Reduzierung der Energiekosten sinken natürlich auch Produktionsaufwendungen der Fertigungen in den Ländern, die Fracking zulassen. Doch nach Abwägen des Für und Wider ist es mit dem Fracking wie so oft: Man weiß Genaues nicht. Alle Gutachten diesbezüglich konnten weder die unterstellten langfristigen Umweltauswirkungen wissenschaftlich darstellen, noch sind sich die Experten über das Potenzial an Energievorkommen einig, welches tatsächlich durch Fracking förderbar ist. Aber eines steht fest: An jedem Tag, der ins Land geht, wird das Verfahren weiterentwickelt, die Technologien verfeinert – vor allem in Richtung Umweltauswirkungen. Schon jetzt gibt es beispielsweise funktionierende, wenn auch teure Verfahren – auch von branchenfremden Unternehmen – zur Aufbereitung der Fracking-Flüssigkeit oder auch neue Materialien,

C. Habrich-Böcker et al., *Fracking – Die neue Produktionsgeografie*,
DOI 10.1007/978-3-658-05887-6_1, © Springer Fachmedien Wiesbaden 2015

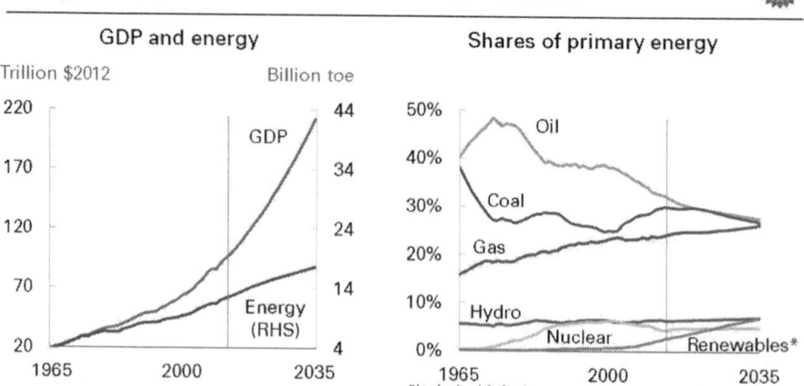

Abb. 1.1 Der Gasanteil am Energieverbrauch wird steigen (Quelle: BP Energy Outlook)

die die bislang dem Wasser beigemischten Fluids durch umweltverträglichere Stoffe ersetzen.

Wie auch immer, alle Protagonisten sind sich einig: Auf dem Weg zum sinnvollen Fracking sind noch eine Menge Fragen zu lösen, beispielsweise auf nationaler Ebene, wem der Grund in der Tiefe gehört. Und warum setzt man überhaupt so eine unerforschte und somit umstrittene Methode ein? Ist das denn nötig? Matthias Bichsel, Technik-Vorstand bei Royal Dutch Shell, beantwortete in einem Interview in der „Die Zeit“[1] die Frage: „Aber benötigt man dieses sogenannte unkonventionell Gas überhaupt?“ mit: „Ohne Wenn und Aber: ja. Sonst würde es nicht gemacht …“ (vgl. auch Abb. 1.1).

Was Sie in diesem Kapitel erfahren:

1.1 Grundsätzliches zu Fracking
1.2 Technische Basis
1.3 Stand der Forschung

[1] „Die Zeit vom 14.3.13, Nr. 12, Seite 30, Ressort Wirtschaft“.

1.1 Grundsätzliches zu Fracking

Hydraulic Fracturing, im Sprachgebrauch als Fracking bezeichnet, ist nicht neu: Bereits seit 1947 wird diese Fördertechnologie eingesetzt, um Erdgas- und Erdölressourcen zu erschließen. Doch war Fracking in seinen Anfängen aus Kostengründen unattraktiv, hat sich das aufgrund fortwährender innovativer Technikentwicklungen, erhöhter Energienachfrage und damit verbundener Preissteigerungen deutlich geändert. Heute gilt Fracking für so manche Volkswirtschaft als Hoffnungsträger, um dank Unabhängigkeit von Energie-Importen wirtschaftlich zu gesunden.

Das Prinzip des Hydraulic Fracturing ist denkbar einfach: Mittels Hydraulik (Anm. der Autoren: die Lehre von der Bewegung von Flüssigkeiten, aus dem griechischen: hydraulike) werden kohlenwasserstoffreiche Schieferfelsformationen mit geringer Durchlässigkeit aufgebrochen, um Gas oder Öl durch den so entstehenden Druck an die Oberfläche zu transportieren (siehe auch Abschnitt 1.2).

„Ziel ist es, die Gas- und Flüssigkeitsdurchlässigkeit in der Gesteinsschicht so zu erhöhen, dass ein wirtschaftlicher Abbau von Bodenschätzen (zum Beispiel Erdgas und Erdöl) ermöglicht wird. Hydraulic Fracturing wird auch bei der Wassergewinnung (insbesondere aus Kluftaquiferen) und bei der Altlastensanierung angewendet", steht im Lexikon des Bundesverbandes der Geothermie zu lesen. Im Fall der Förderung von Erdgas und Erdöl wird das Verfahren aus zwei Gründen eingesetzt. Zum einen zur Stimulation einer vorhandenen Bohrstelle, um die Öl- oder Gasproduktion am Ende des Bohrzyklus effizient auszubeuten. Zum anderen, um schwer zugängliche Reservoirs, die im Schiefergestein eingeschlossen sind, auszubeuten. Doch das hat seinen Preis.

Abgesehen von den möglichen ökologischen Auswirkungen der Methode steht momentan der wirtschaftliche Nutzen im Mittelpunkt der Diskussion. Unabhängig von den thematischen Schwerpunkten wird der Disput sehr emotional geführt. Das lässt die Faktenlage oft in den Hintergrund treten. Schwierig bei der Bewertung ist auch: Alle unterstellten langfristigen Konsequenzen aus der Methode sind noch nicht ausreichend wissenschaftlich belegt.

Die Phase, in der sich der Einsatz von Fracking gerade befindet, ist vergleichbar mit den Anfängen der Kohleförderung. Man kannte zu Beginn der Ära in der Bundesrepublik auch nicht alle Folgen der Bergbaumethoden. Doch wo würde Deutschland heute stehen, hätte die Kohle nicht die notwendige Energie zum Wirtschaftsaufschwung geliefert? Noch heute kennt man letztendlich nicht alle Risiken, die durch den Abbau entstanden.

Genauso ist es beim Fracking. Hier gibt es die unterschiedlichsten Aussagen in wesentlichen Punkten. Ein Beispiel sind die Prognosen über die Potenziale der fossilen Brennstoffe Gas und Öl, die im Schiefergestein lagern und die durch Fracking gewonnen werden können. Momentan geht das von gigantisch bis vollkommen überschätzt.

Das aktuelle Interesse am Thema Fracking ist von den Schlagzeilen getrieben, die hauptsächlich auf die Nutzung in den USA zurückzuführen sind. Das Land ist zwischenzeitlich zwiegespalten. Trotz aller Bedenken ist eines unumstritten. In den Staaten führte das Erschließen der Reserven mittels Fracking in den vergangenen Jahren tatsächlich zu einer klaren Reduzierung der Energieeinfuhren und dank ausreichend vorhandenem Gas zu einem Rückgang der Gaspreise um ein Drittel. Und das Anwenden der Methode schaffte Jobs in ansonsten wirtschaftlich schwachen Gebieten.

Doch nicht jedes Vorkommen auszubeuten ist interessant.

Um eine Förderung eines Vorkommens umzusetzen, sind vier Faktoren entscheidend:

1. Lagerstätten: Hier sind die Geologen gefragt, die potenzielle Gebiete mittels geologischer Daten identifizieren müssen.
2. Fördernde Unternehmen: Nicht jedes Energieunternehmen verfügt über Ingenieure, eine ausreichende Anzahl von Plattformen und Erfahrung beim Bohren. Fracking betreibt unter anderem: Exxon Mobil und Stateoil (siehe Kapitel 4).
3. Kosten/Nutzen: Der Erfolg einer Förderung hängt in hohem Maße von der Qualität des Gasfeldes ab.
4. Rahmenbedingungen: Bei der Förderplanung ist es entscheidend ob:
   a. ein ausreichender interner und externer Markt für das Gas vorhanden ist
   b. die Landbesitzer und Kommunen das Fördern mittels Fracking akzeptieren
   c. alle Umweltrisiken berücksichtigt und adressiert werden
   d. die entsprechenden steuerlichen und rechtlichen Rahmenbedingungen vorhanden sind und
   e. es keine kostengünstigere Möglichkeit gibt.

Bei der Betrachtung möglicher Förderstellen stehen aber am Anfang immer die Einschätzung des globalen Energiebedarfs und eine Betrachtung derer, die Energie zu günstigen Preisen liefern können. Denn Energie zu haben bedeutet zeitgleich wirtschaftliche Stärke. Und auch, wenn alternative Energien im Vormarsch sind, sind fossile Energieträger, betrachtet man die Faktenlage, nicht vermeidbar. Die Nachfrage nach Gas führt das vor Augen. Der heutige Anteil an fossilen Brennstoffen im globalen Mix beträgt 82 Prozent, genau so viel wie vor 25 Jahren. Die Höhe des Anteils ändert sich durch die alternativen Energien nur zögerlich. 2035 sinkt der Anteil durch mehr Einsatz alternativer Energien auf 75 Prozent, rechnet der World

Energy Outlook 2013 der IEA (Internationale Energie Agentur)[2] vor. Laut neuester BP-Analyse betrug der Gasanteil am Energieverbrauch 23,9 Prozent. Gewinnt die USA daher in diesem Segment als Lieferant an Bedeutung, hat das laut einer Studie des Bundesnachrichtendienstest (BND) Folgen auf das bisherige politische Gefüge.

„Betroffen sein wird vor allem die Golfregion: Die USA hätten sich bisher politisch und militärisch deshalb so massiv im Nahen und Mittleren Osten engagiert, weil sie von den dortigen Energielieferungen abhängig gewesen seien. Bald könnten die Vereinigten Staaten aber komplett auf Lieferungen aus der Region verzichten", sagt die BND-Studie voraus. Damit werde „die außen- und sicherheitspolitische Handlungsfreiheit" für die Regierung in Washington erheblich zunehmen. Unter anderem verliere die vom Iran angedrohte Sperrung der Straße von Hormus deshalb für die Amerikaner an Schrecken, weil die Versorgung des Landes künftig nicht mehr von Lieferungen der arabischen Staaten abhängig sei", heißt es in einem Beitrag auf dem Wirtschaftsportal Format.at zu der Studie.

Der Effekt verstärkt sich noch durch die zunehmende Nachfrage. Nach dem Bericht des „BP Statistical Review of World Energy" 2013 kann Nordamerika gegenüber China in Bezug auf Energieversorgung punkten. Laut neuester Verbrauchsstatistik von BP wurden 21,9 Prozent der primären Energie in China benötigt. Das sind 7,4 Prozent mehr gegenüber dem Vorjahr. Die USA folgt erst mit 17,7 Prozent Anteil am primären Bedarf, aber brauchte 2,8 Prozent weniger als im Jahr zuvor. Das und der mögliche Export stärkt auf der Energieseite die Staaten.

Auch die Betrachtung der Vertriebsanteile ist ein Beleg für die zunehmende Unabhängigkeit der USA und somit auch die bessere politische Position. Die Staaten verkauften im Vergleich zwischen 2002 und 2012 1 Billion Kubikmeter Gas mehr. Der Mittlere Osten dagegen verzeichnete Rückgänge beim Vertrieb. Und: Asien-Pazifik als größter Verbraucher vertreibt gegenüber 2002 weniger Gas.

Die IEA zieht als Fazit in ihrer jährlichen Studie „World Energy Outlook (WEO)", die detaillierte Prognosen und Analysen nach Brennstoff, Sektoren und Ländern aufschlüsselt, dass Erdgas in der Zukunft eine größere Rolle im globalen Energiemix spielt. Die Autoren errechnen dabei ein Szenario, dass der Gaseinsatz um mehr als 50 Prozent zwischen 2010 und 2035 steigt. Das wäre laut Studie mehr als ein Viertel des weltweiten Energiebedarfs (Abb. 1.2).

Auf ihrer Internetseite im Kapitel „Fragen und Antworten rund ums Gas" erklärt die IEA: „Volumen, die entdeckt wurden und wirtschaftlich mit der existierenden Technologie zu aktuellen Gaspreisen gefördert werden könnten, werden

[2] IEA: Die Internationale Energie Agentur, gegründet 1973 von 16 Nationen nach der Ölkrise, ist eine selbstständige Organisation innerhalb der OECD, bestehend aus zwischenzeitlich 28 Mitgliedern hat sie ihren Sitz in Paris. Die IEA definiert vier Schwerpunkte ihrer Arbeit: Energiesicherheit, wirtschaftliche Entwicklung, Umweltbewusstsein, und Engagement dafür weltweit. Die IEA verfügt zudem über strategische Ölreserven, mit denen sie in den Ölmarkt eingreifen kann. (nach Angaben der IEA)

Abb. 1.2 Der Energiebedarf Chinas ist fast doppelt so hoch wie der der USA (Quelle: IEA, 2013)

auf rund 190 Bio. m³ oder etwa 60-mal höher als die derzeitige jährliche weltweite Erdgasproduktion geschätzt. Allerdings wären die erzielbaren Gasvorkommen, das heißt Mengen, die laut Analysten da sind oder durch Weiterentwicklung der Technologie gefördert werden können, viel größer … geschätzt. Erzielbare unkonventionelle Ressourcen sind von ähnlicher Größe."[3]

Nordamerika ist bei alldem bislang der größte Profiteur: Die ausgebeuteten Schiefergasvorkommen haben zur völligen Änderung der Energiebilanz weltweit geführt. Der Ausbau von der Shale-Gas-Produktion in den Vereinigten Staaten hat die Entwicklung der Technologie von Ölsanden in Kanada und den beschleunigten Ausbau von Wind-und Solarenergie in den Hintergrund gedrängt. Denn aufgrund Fracking konzentriert man sich verständlicherweise auf die Ausbeutung der Ressourcen durch diese Methode. Das zeigen die Zahlen der offiziellen Stellen: Auf das Shale-Gas entfielen in den USA mehr als ein Fünftel der inländischen Gasproduktion im Jahr 2010. Im Jahr 2007 waren es gerade mal 5 Prozent. Und laut Angaben des US Energieministeriums (EIA) erhöht sich die Produktion vermutlich auf knapp die Hälfte bis zum Jahr 2035.

„Die Ressourcen sind enorm und es ist nicht mehr eine Frage, ob das Gas da ist", wird Guy Caruso, Sonderberater des Center for Strategic and International

[3] Eine genaue Feststellung wird durch die weltweit verschiedenen Einheiten der einzelnen Länder erschwert. Die IEA Erdgas-Statistik wird in Milliarden Kubikmeter (Volumen) und in Terajoule (für Energie) angegeben. Großbritannien dagegen misst in British Thermal Units (MBtu) etc. (siehe auch Abkürzungsverzeichnis). Ein Umrechnungs-Tool findet sich auf der IEA-Webseite: www.iea.org/stats/unit.asp.

Studies in Washington und ehemaliger Verwalter des EIA, in dem Beitrag „North America's unconventional energy boom" auf der Stateoil-Internetplattform zitiert. Konservative Schätzungen des US Geological Survey und der IEA gehen davon aus, dass diese neuen Quellen von Erdgas rund 80 Jahre die Versorgung auf dem derzeitigen Niveau des US-Verbrauchs sicherstellen, sagt Experte Caruso.

Einige der Schieferöl- und -gasvorkommen erstrecken sich nördlich der US- Grenze, was bedeutet, dass auch Kanada von den Möglichkeiten durch Fracking profitiert. Das Land ist schon jetzt ein großer Nettoexporteur von Gas und will Öl und Gas-Pipelines bauen, um die eigenen Vorkommen, von denen das Gros derzeit noch aus Ölsanden resultiert, zu transportieren.

Auch die USA rüsten auf: „Es gibt bereits einige Exporte von US-Terminals, die eigentlich für Importe gebaut wurden. Und die Tatsache, dass die Staaten nicht mehr importieren, führt zu Veränderungen im bisherigen Mix der Lieferländer", sagt Scott Foster, Direktor of the Sustainable Energy Division of the United Nations' Economic Commission for Europe (UNECE).

Auch Europa prüft eine Ausweitung der Förderung von unkonventionellen Lagerstätten. Laut der Studie „Auswirkungen der Gewinnung von Schiefergas und Schieferöl auf die Umwelt und die menschliche Gesundheit" des Europäischen Parlaments, Generaldirektion Interne Politikbereiche, Fachabteilung A: Wirtschaft und Wissenschaftspolitik, zum Beispiel werden in Deutschland seit etwa 15 Jahren Formationen mit in dichtem Gestein gelagertem Gas (Tight Gas) erschlossen, wenngleich in sehr geringem Umfang. Das gesamte europäische Fördervolumen im Bereich unkonventionelles Gas beläuft sich auf mehrere Hundert Millionen m^3 im Jahr, während es in den USA mehrere Hundert Milliarden m^3 pro Jahr beträgt. Doch seit Ende 2009 werden die Aktivitäten intensiviert.

Dass Fracking so en vogue ist, wäre vor einigen Jahren nicht denkbar gewesen. Zu dem Zeitpunkt gingen die Experten davon aus, dass ich die Abhängigkeit einer der größten Volkswirtschaft von Energieimporten und insbesondere von Gas, dass als Liquefied Natural Gas (LNG) transportiert wird, noch steigert.[4] Doch die Wirtschaftskrise, die klimatischen Verhältnisse und die damit verbundenen Rückgänge der Nachfrage nach Energie haben die Karten auf dem Weltmarkt neu gemischt. Die USA benötigte in dieser Phase kein LNG aus den bisherigen Exportländern. Das führte zu einem Überangebot. Die Marktsituation hat sich zwar wieder entspannt. Aber nach wie vor fallen die USA als Abnehmer aufgrund der eigenen Fracking-Förderung weitgehend aus.

---

[4] Dank LNG-Verfahren wird der Transport des Gases mittels Verflüssigungsverfahren ermöglicht. Das Erdgas wird je nach Zusammensetzung bei ca. – 182 °C bei Normaldruck flüssig. Dieser verflüssigte Zustand ermöglicht, das Erdgas auf 100stel seines ursprünglichen Volumens geschrumpft wird. Das erfordert, dass die schweren Kohlenwasserstoffe aus dem Erdgas entfernt werden. Dann wird es in speziellen Tanks transportiert.

Doch wie lange der Gas-Segen dank Fracking anhält, ist umstritten. So schreibt der US-Analyst David Hughes in einem Artikel der Zeitschrift „Nature" (Februar 2013), dass die von der Öl- und Gasindustrie angenommene Lebensdauer der Bohrungen zu optimistisch sind. Die Erfahrung dieser Bohrtechnologie reicht bislang nur ein paar Jahre in die Vergangenheit, sodass noch keine empirischen Daten vorliegen, die diese lange Lebensdauer begründen. Wenn die Lebensdauer jedoch in Wirklichkeit geringer ist, als die Modelle annehmen, so sinkt auch die Gesamtfördermenge (Ultimate Recovery Rate, URR). Die Schätzungen der Gesamtfördermenge der US Geological Survey liegen laut Hughes bei weniger als der Hälfte der Schätzungen der Industrievertreter.

Die Experten der Energy Watch Group[5] widersprechen in einer Studie ebenfalls den bisher eher positiven Einschätzungen. Die Verfasser kommen zu ganz anderen Ergebnissen als beispielsweise die Internationale Energieagentur: „Anders als die IEA nehmen wir die belastbaren Zahlen etwas ernster", sagt Hauptautor Werner Zittel bei der Präsentation im März 2013. In der Studie steht unter anderem: „Die unkonventionelle Erdgasförderung vor allem von Schiefergas („shale gas") ist in den USA deutlich angestiegen, seit im Jahr 2005 die Öl- und Gasindustrie von wichtigen Beschränkungen bzgl. des Trinkwasserschutzes ausgenommen wurde. Im Jahr 2012 hatte die Schiefergasförderung in den USA einen Anteil von 30 Prozent. Die Schiefergasförderung in den USA ist nahe dem Fördermaximum. Die Förderchakteristik der einzelnen Bohrungen bewirkt, dass die Förderung sehr schnell nachlässt, sobald neue Fördersonden nicht schnell genug erschlossen werden. Der um das Jahr 2015 eintretende vermutete Förderrückgang der Schiefergasförderung in den USA wird dann den Förderrückgang der konventionellen Erdgasfelder verstärken." Bereits 2030 werde die weltweite Erdölförderung 40 Prozent unter den Förderwerten des vergangenen Jahres liegen, rechnet das Papier vor. Demnach konnten die nun in der Diskussion stehenden Methoden wie Fracking lediglich den Rückgang bei der konventionellen Erdölgewinnung ausgleichen.

Wer auch immer recht haben mag, Tatsache ist: Schiefer ist eines der häufigsten Sedimentgesteine auf dem Globus. Das feinkörnige Gestein setzt sich hauptsächlich aus Tonmineralien und winzigen Fragmenten anderer Mineralien zusammen. Schieferformationen können grundsätzlich Gasvorkommen aufweisen. Doch das bedeutet nicht zugleich, dass alle Vorkommen durch Fracking gewonnen werden

[5] Die Energy Watch Group ist eine Initiative der Ludwig-Bölkow-Stiftung. Sie wurde initiiert von dem Bundestagsabgeordneten Hans Josef Fell zusammen mit weiteren Parlamentariern aus dem In- und Ausland mit dem Ziel, eine regierungsunabhängige Informationsquelle für energiepolitische Entscheidungen aufzubauen. Die Gruppe richtet sich an Politik, Wirtschaft und über die Medien an die Öffentlichkeit. Ein großer Teil der organisatorischen und inhaltlichen Arbeit vor allem der Beiratsmitglieder wird ehrenamtlich geleistet. Die zitierte Studie „Fossile und Nukleare Brennstoffe – die künftige Versorgungssituation" wurde im März 2013 veröffentlicht.

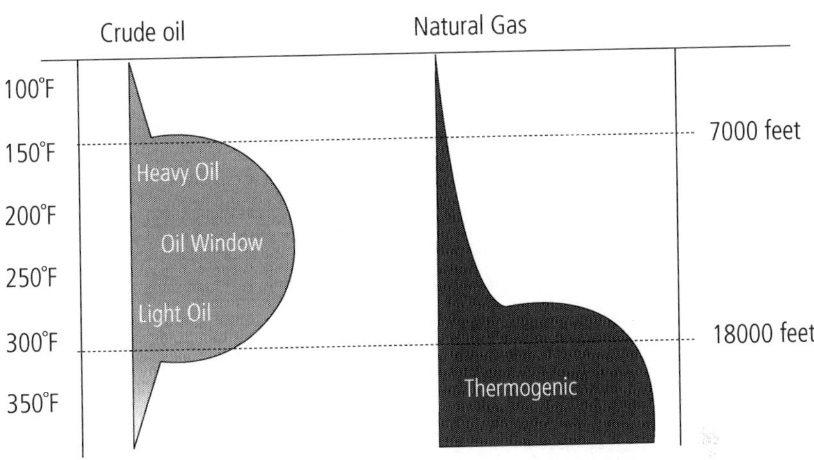

Abb. 1.3 Gas und Öl. Erdöl entsteht durch eine Temperatur zwischen 65 und 150 Grad Celsius, thermogenes Erdgas entsteht bei einer Temperatur von 150 Grad Celsius. (Quelle: United Engery Group)

können, da nur Formationen mit bestimmten Eigenschaften für die Exploration in Frage kommen.

Die vorhandenen Erdöl- und Erdgasressourcen entstanden durch Bildung von thermogenem Gas (Anm. d. Autoren: Thermo aus dem Griechischen für Hitze). Das bildet sich, wenn organisches Material im Schiefer tief unter der Erde bei hohen Temperaturen abgebaut wird. Temperatur und Druck wandeln organische Materialien in Erdöl und Erdgas um. Da Ablagerungen durch weitere Ablagerungen überdeckt werden, werden die vergrabenen Materialien steigenden Temperaturen und steigendem Druck ausgesetzt. Chemische Reaktionen beginnen mit Erreichen einer Temperatur von 65 °C das vergrabene organische Material in Formen von Kohlenwasserstoffverbindungen (eine davon ist Erdöl) umzuwandeln. Dieser Prozess findet im Allgemeinen in einer Tiefe von 2.100 bis 5.500 Metern statt (65 bis 150 °C). Erdöl entsteht durch eine Temperatur zwischen 65 bis 150 °C, thermogenes Erdgas entsteht bei einer Temperatur über 150 °C. Das führt dazu, dass das Gas innerhalb des Schiefergesteins eingeschlossen wird", schreibt die United Energy Group (UEG) auf der Informationsseite (http://www.unitedenergy.com/pdf/2008_03_Geschichte_von_Erdoel_und_Erdgas.pdf), die auf Basis von Daten des US-Department für Energie entstanden (Abb. 1.3).

„Erdöl und Erdgas haben eine geringere Dichte als die festen organischen Materialien, von denen sie abstammen. Auch nehmen Öl und besonders Gas mehr Volumen ein als das feste organische Material. Da das Muttergestein nicht mehr in der Lage ist das Öl und Gas festzuhalten, wandert Öl und Gas. Die geringere Dichte hat zur Folge, dass Öl und Gas durch Wasser und andere Substanzen nach oben, in die Porenräume umliegender Grundgesteine, dringen. Diese Aufwärtsbewegung durch das poröse und durchlässige Gestein setzt sich so lange fort, bis sie durch ein unterirdisches Hindernis aufgehalten wird. Wird die Aufwärtsbewegung nicht durch ein Hindernis aufgehalten, dringt das Öl und Gas an die Oberfläche", erklärt die Informationsplattform der UEG. „Irgendwann stößt das abwandernde Öl und Gas auf eine undurchlässige Grenzschicht (zum Beispiel: Deckgestein, Verwerfungsspalte, Salzstock) und bildet eine Aufspeicherung, die sich Öl- und Gaspool oder Öl- und Gasfeld nennt", so die Seite zur Bildung von Reservoirs.

„Schiefergas zählt zum unkonventionellen Erdgas, zu dem auch Tight Gas aus schlecht durchlässigen Sand- oder Kalksteinen sowie das Kohleflözgas gehören", definiert das Helmholtz Zentrum in Potsdam. Das Tight Gas lagert normalerweise unterhalb von 3.500 Meter. Der Umfang der so lagernden Reservoirs wird bestimmt durch die Größe der Poren und ihrem Durchlassvermögen der Flüssigkeiten zwischen den Gesteinskörnern.

Neben dem Tight Gas spielt auch das Kohleflözgas (coal bed methane – CBM) bei der Gewinnung eine Rolle. Es entsteht während der Zersetzung organischen Materials in nicht genutzten Kohlevorkommen. „Große Teile des Kohleflözgases.sind in geologischen Zeiten aus den Flözen ausgewandert. Das Gas wandert dabei aufgrund seiner geringeren Dichte nach oben, bis es an der Erdoberfläche in die Atmosphäre ausgast. … Das noch im Kohleflöz verbleibende Gas wird Kohleflözgas genannt. Es kann mit speziellen Methoden des Bohrlochbergbaus teilweise gewonnen werden. Dies ist neben Tight Gas und Schiefergas ein Teil der unkonventionellen Erdgasförderung und somit ein wesentlicher Beitrag zur zukünftigen Gasversorgung", erklärt der Bundesverband Geothermie in einem Lexikon (www.geothermie.de).

Obwohl gelegentlich auch in geringen Tiefen gefunden, liegt Kohleflözgas häufig 1.000 bis 2.000 Meter unter der Erde. In diesen Tiefen drückt der Druck beim Fracking das Methan an die Oberfläche der Kohle, wo es dann extrahiert werden kann.

Gefördert wird es in der Regel mittels vertikaler Bohrungen und weitaus kleineren Fracs als bei der Schiefergasproduktion, auch wenn in manchen Gebieten zunehmend auch horizontale Bohrungen zum Einsatz kommen.

1.2 Technische Basis[6]

Das hydraulische Aufbrechen ist kein Bohrungsverfahren. Es verwendet Hochdruck und „fracturing stimulates", um Erdgas und Erdöl erhaltende Gesteine aufzubrechen und dank der so entstehenden Leitungen die Reserven an die Oberfläche zu fördern (Abb. 1.4).

[6] Informationen zusammengestellt aus verschiedenen Quellen der Industrie und öffentlich zugängliche geologische Datenbanken.

Abb. 1.4 Zur Erschließung von Erdgaslagerstätten wird seit Jahrzehnten in Deutschland die sogenannte Frac-Technik (engl.: hydaulic fracturing) eingesetzt. Die Technik zielt darauf ab, die Durchlässigkeit der Lagerstätte durch die Schaffung von künstlichen Fließwegen zu steigern. Dazu wird das Gestein durch Einpressen einer mit Spezialsand beladenen Flüssigkeit unter hohem Druck aufgebrochen, und es werden im Gestein Risse von bis zu wenigen 100 Meter Länge erzeugt. Diese werden mit einem Stützmittel gefüllt, das aus Spezialsand besteht. Es soll die künstlichen Risse im Gestein offen halten und damit dauerhaft bessere Fließbedingungen für das Erdgas schaffen. Infos und Bildquelle: Wirtschaftsverband Erdöl- und Erdgasgewinnung e.V.

Die Technik des hydraulischen Aufbrechens hatte ihren Durchbruch in Texas. Fracking wurde ursprünglich als eine Reservoir-Stimulations-Methode eingesetzt. Bei der Shale-Gas-Gewinnung findet der Prozess im Bereich von drei bis vier Kilometer Tiefe statt: Die Horizontalbohrungen schalten einen vertikalen Brunnen frei, um von da aus Verzweigungen mittels einiger horizontalen Schnitte zu produzieren. Heute benötigt eine durchschnittliche Bohranlage nur 30 Prozent der Größe, die noch in den 1970ern notwendig war.

Der Prozess läuft in folgenden Schritten ab: Sind alle notwendigen geologischen Untersuchungen und das Genehmigungsverfahren abgeschlossen, wird der Bauplatz wie folgt präpariert: „Für die Erschließung einer Gaslagerstätte müssen zunächst Zufahrtsstraßen und Versorgungseinrichtungen gebaut werden. Die Fläche eines Bohrloches beträgt im Durchschnitt für Mehrfachbohrungen während der Bohrung und des Hydraulic Fracturings 3,5 ha. Zum Vergleich: Ein Fußballfeld hat eine Ausdehnung von 1,76 ha. Heute ist das Verfahren minimalinvasiv und ein gebohrtes Loch hat einen Durchmesser von durchschnittlich 15 Zoll Durchmesser. Um eine Schiefergas-Lagerstätte zu erschließen, sind sehr viele Bohrungen erforderlich. Im Barnett Shale in den USA wurden beispielsweise bis zum Endes des Jahres 2010 auf einer Fläche von 13.000 km^2 fast 15.000 Bohrlöcher gebohrt."[7]

Doch bevor es so weit ist, wird eine Grube in der Umgebung des Bohrlochs ausgehoben und mit Planen abgedichtet. Sämtliches Gestein, Boden und Schlamm aus der Bohrstelle wird dort in der Regel gelagert, um eine potenzielle Belastung des Grundwassers zu vermeiden.

Nach dem Aufbau der Infrastruktur wird der Bohrturm installiert. Obwohl das relativ zügig geht, benötigt man zusätzlich noch Daten-Monitoring, Frack-Pumpen und Vermischer. Wenn die Bohrung durch eine Trinkwasser führende Schicht führt, wird das Bohrloch zum Schutz des Trinkwassers in unterschiedlichen Abschnitten mit einzementierten Stahlrohren gegenüber den Gesteinsformationen abgedichtet und so eine undurchlässige Barriere zwischen Bohrloch und Wasserschicht geschaffen. Dieser Prozess wird sowohl bei herkömmlichen als auch bei unkonventionellen Gasbohrungen angewandt.

Sobald die Ummantelung angebracht ist, wird die vertikale Bohrung fortgesetzt, bis diese die Zielgesteinsschicht erreicht. An dieser Stelle endet eine konventionelle Bohrung normalerweise. Bei vielen unkonventionellen Bohrungen allerdings dreht der Bohrkopf und die Bohrung wird dann gegebenenfalls in horizontaler Richtung durch das Gas führende Gestein fortgeführt. Hydraulic-Fracturing-Flüssigkeit wird dann unter hohem Druck durch das Bohrloch hinab in die entsprechende Lagerstätte gepumpt. Hydraulische Fracturing-Flüssigkeit besteht typischerweise zu etwa 98 bis 99,5 Prozent aus Wasser und Sand oder Keramikperlen, sogenannte „Propping Agents". Dazu wird eine Verbindung zugegeben, um die Viskosität des Wassers zu erhöhen, damit das Stützmittel effektiver eingesetzt werden kann. Das entspricht nach Industrieangaben zwischen 0,5 und bis zu 2 Prozent. Die meisten dieser Zusatzstoffe kommen laut Branche in alltäglichen Haushaltsmitteln oder in Lebensmitteln und Getränken vor, die wir konsumieren.

Diese Stoffe in der Hydraulic-Fracturing-Flüssigkeit sorgen dafür, dass zum Beispiel Reibung vermindert wird, unter anderem keine Bakterien in die Lagerstätte gelangen und sich keine Faulgase bilden.

Das eingepresste Wasser und die niedrig viskose Flüssigkeiten werden durch die Risse im Brunnen zurückgepumpt. Die Mischungen werden wiederaufberei-

---

[7] Zusammengestellt nach Informationen vom Helmholtz Zentrum Potsdam: www.shale-gas-information-platform.org/de/wo-kommt-schiefergas-vor.html. Helmholtz Zentrum Potsdam, Deutsches GeoForschungszentrum GFZ. Das GFZ erforscht als nationales Forschungszentrum das „System Erde" mit den geologischen, physikalischen, chemischen und biologischen Prozessen, die im Erdinneren und an der Oberfläche ablaufen.

tet oder in genehmigten Entsorgungsablagen entsorgt. So kann das Erdgas durch neue Fließwege aus dem festen Gestein entweichen und durch das Bohrloch an die Oberfläche strömen.

1.3 Stand der Forschung

Bei allen neutralen Studien rund um das Thema Risiken bei Fracking wurden zwar die möglichen Risiken identifiziert, aber keiner der Untersuchungen rät zu einem totalen Fracking-Verbot, wenngleich auch Regeln empfohlen werden. Die Risiken sind in vier Feldern unterteilbar: CO_2-Emission, Trinkwasserbelastung, Seismografie und Lärm.

Belastung der Luft Zur Belastung der Luft erklärt das Helmholtz-Zentrum Potsdam: „Die Förderaktivitäten führen, gleichgültig ob konventionell oder unkonventionell, zu Emissionen von Methan, Smog bildenden flüchtigen organischen Verbindungen und Stickoxiden (NO_x) sowie anderen Luftschadstoffen, darin eingeschlossen die BTEX-Gruppe, Formaldehyd und Schwefelwasserstoff. Emissionen erfolgen beim normalen Betrieb von zum Beispiel Bohranlagen, Kompressor-Stationen usw., jedoch auch bei Betriebsstörungen. Zusätzliche Luftverschmutzung bei der Produktion von Schiefergas entsteht durch das Hydraulic Fracturing", führt das Helmholtz-Zentrum aus. Und weiter: „Mittlerweile gibt es bewährte, kostengünstige Technologien, die Erdgas und andere Luftschadstoffe auffangen können, die anderenfalls in die Atmosphäre entweichen würden. Der Verkauf von aufgefangenem Erdgas kann darüber hinaus einen wirtschaftlichen Vorteil darstellen. Eine Übersicht über Technologien der Emissionsminderung ist auf der Website des U. S. Natural Gas STAR program aufgeführt. Eine der effektivsten Maßnahmen ist die Verwendung von Reduced Emission Completions (REC), mittels der das Erdgas und andere Luftschadstoffe aus dem zurückfließenden Fracfluid herausgefiltert werden", so die Informationsseite des Instituts.

Vorschläge zur Verbesserung der Luftqualität kamen, laut Helmholtz Zentrum, vom US-amerikanischen SEAB Shale Gas Production Subcommittees (http://www.shalegas.energy.gov/resources/111811_final_report.pdf), Nov. 2011, und in den von der US-Umweltbehörde (EPA) vorgeschlagenen Änderungen der Luftreinhaltungsvorschriften (www.epa/gov/airquality/oilandgas/) in der Öl- und Erdgasindustrie (Juli 2011). Die U. S. Environmental Protection Agency (EPA) hat schließlich im April 2012 verbindliche Regeln für die Öl- und Gasindustrie erlassen. Eine der zentralen Vorschriften darin verpflichtet die Gasfirmen, „reduced emissions completion" (REC) (http://www.epa.gov/gasstar/documents/reduced_emissions_completions.pdf) für Bohrungen ab Januar 2015 zu verwenden.

Wie hoch die Belastung genau ist, ist nicht zu bestimmen, schreibt Andreas Hübner in einer Dokumentation von Studien über die Treibhausgasbilanz von Schiefergas für das Deutsches GeoForschungsZentrum GFZ, Potsdam. (Erscheinungsdatum: 14. März 2012, letzte Aktualisierung: 2. Februar 2013). Jüngste Studien haben Treibhausgasemissionen von Shale-Gas-Produktionen und deren mögliche Auswirkungen auf das Klima untersucht. Die Methoden und Annahmen dieser Studien unterscheiden sich und haben zu verschiedenen Schlussfolgerungen über die möglichen Emissionen geführt. Die meisten Studien weisen ausdrücklich darauf hin, dass in ihren Annahmen noch große Unsicherheiten aufgrund der fehlenden empirischen Daten stecken.

Wasser Andere Forschungen befassen sich derzeit mit der Verbesserung des Fracking-Fluids. Hilfestellung leisten dabei die Verfahren unter dem Schlagwort Clean-Fracking: Beim Clean-Fracking verzichtet man auf Chemikalien und arbeitet mit Wasser, Bauxit, Sand und meist Stärke, die auch in der Lebensmittelindustrie Verwendung findet. In Europa hat die ÖMV gemeinsam mit der Universität Loeben Clean-Fracking erforscht. Durch Probebohrungen in Österreich sollten Bohrkerne gewonnen werden, um anhand der geomechanischen Eigenschaften der Kerne die Machbarkeit des Clean-Frackings zu bestätigen. Es wurde vermutet, dass die Methode zwar umweltverträglicher, aber wirtschaftlich weniger effizient ist. 2012 wurde das Projekt wegen Unwirtschaftlichkeit eingestellt.

Viel weiter scheint man bereits in den Staaten und Kanada. Zum Beispiel betreibt das Energieunternehmen Halliburton[8] gemeinsam mit El Paso seit 2011 in Nord-Louisiana die erste Erdgasherstellung mit „CleanSuite™ Produktion der Enhancement-Technologien“ sowohl beim Hydraulic Fracturing als auch bei Wasseraufbereitung. Anstelle purer Chemie versetzt man das Wasser unter anderem mit lebensmitteltauglichen Zutaten. Zudem verwendet man Additive, um die Bakterienbildung zu steuern. Halliburton gibt darüber hinaus an, dass mehr als 2.400 Gallonen (umgerechnet rund 9.085 l) Biozide pro Bohrung vermieden werden. Auch die Wasseraufbereitung ist im Projekt in den Südstaaten eingeschlossen.

Auf der Website Chemie Online (http://www.chemieonline.de) kann man im Forum über noch eine ganz andere Technik nachlesen: „Seit einiger Zeit ist tatsächlich ein neues Verfahren im Gespräch, das wohl mit deutlich weniger Wasser auskommt. Es nennt sich Liquefied Petroleum Gas Fracturing (http://dotearth.blogs.nytimes.com/2011/11/08/a-fracking-method-with-fewe-water-woes/)

[8] Halliburton wurde 1919 gegründet und einer der weltweit größten Anbieter von Produkten und Dienstleistungen für die Energiewirtschaft mit mehr als 60.000 Mitarbeitern in rund 80 Ländern. Halliburton bedient Unternehmen der Gas- und Ölindustrie während des gesamten Lebenszyklus eines Reservoirs. Firmen-Webseite: www.haliburton.com

und verwendet Propan statt Wasser als druckaufbauendes Mittel. Das Verfahren stammt aus Kanada, wo es schon praktisch eingesetzt wird. Der Name ist irreführend, denn natürlich verwendet man nicht das Gas, sondern verflüssigt Propan unter Druck, bevor man es in die Bohrung pumpt.

Das Fracking mittels Liquefied Petroleum selbst funktioniert ganz wie mit Wasser: Eine Bohrung führt in die Tiefe, dichte Gesteinsschicht, die das Gas enthält, und verläuft innerhalb der Formation etwa einen Kilometer weit horizontal. In diese Bohrung presst man die Flüssigkeit mit einem Druck von mehreren Hundert Bar, sodass in der gashaltigen Gesteinsformation radiale Risse entstehen, die zehn bis über hundert Meter lang sein können. Durch diese Risse kann das Gas dann aus dem Gestein entweichen (dazu auch lesenswert die Beiträge auf: http://www.scilogs.de/wblogs/gallery/5/previews-med/800px-HydroFrac.jpg, http://www.scilogs.de/wblogs/gallery/5/800px-Hydro-Frac.jpg).

Doch noch ist Tatsache: „Die bedeutendste Herausforderung bei Fracking ist die Wasseraufbereitung. Im sogenannten Flow-back-Wasser befinden sich Kohlenwasserstoffe, Schwermetalle, Bakterien und Salze“, sagt Lux-Analyst Brent Giles in einem CNN-Interview. Der Experte ist der Meinung, dass die Aufgabe der Aufbereitung gleichzusetzen sei mit den schwierigsten industriellen Abwässern.

Eine neue Technik für die Wasseraufbereitung der benötigten 3 bis 5 Mio. Gallonen für eine Bohrung macht seit Februar von sich reden. „Dieses Verfahren ist sehr ähnlich einer technischen Version dessen, was die Natur im Zyklus vollbringt, wenn Meerwasser verdampft. Es bilden sich Wolken in der Atmosphäre, sie kondensieren/regnen ab“, erklärte John Lienhard, Professor am Lehrstuhl für Maschinenbauingenieure am Massachusetts Institute of Technology, NBC News.

Somit könnten nach Angaben der Erfinder, die das Verfahren jetzt vermarkten wollen, zwischen 1.200 und 2.400 Liter pro Tag aufbereitet werden. Das System ist eine Variante der Standardentsalzung, bei der Salzwasser verdampft und dann auf einer kalten Fläche kondensiert. Das Salz wird in der Verdampfungsphase abgetrennt.

Während andere Forscher regelrechte Entsalzungsanlagen entwickelt haben, halten Lienhard und seine Kollegen ihr Verfahren für effizienter, da es weniger Energie benötigt und mit einer einfachen Hardware aufkommt. Zudem sei es sehr wartungsarm. Hunderte von Erdgasbohrungen sind über Landschaften wie dem Marcellus Shale, der Bakken Formation in North Dakota und der Permbecken von West Texas verteilt.

Lienhard glaubt, dass er dort seine neuen „Entsalzungsanlagen“ an jedem einzelnen Abbauvorkommen gut zu installieren kann und so pro Tag Hunderte bis Tausende Liter Wasser mit einem Kostenaufwand von ein paar Dollar pro Barrel aufbereiten kann. Das Team hat Patente auf die Technologie eingereicht. „Wir hoffen, dass innerhalb eines Jahres eine Pilotanlage läuft“, sagte Lienhard im Interview: „Wenn der Pilot arbeitet, dann könnten wir sofort vergrößern.“

Auf jeden Fall wird gerade der Markt auch von Unternehmen außerhalb der Energiebranche entdeckt. Zum Beispiel von Riggs Eckelberry, CEO bei OriginOil, einem Biokraftstoff-Unternehmen. Er gibt an, dass die Wasseraufbereitung zwischen 11 und 22 Cent pro Gallone koste. Das macht das Geschäft äußerst lukrativ. Das Analyseunternehmen Lux Research schätzt in einer Studie aus dem Jahr 2012 „Risk and Reward in the Frack Water Market" (http://www.luxresearchinc.com) den Markt für die Wasseraufbereitung aus der Fracking-Förderung auf 9 Milliarden US-Dollar bis zum Jahr 2020. Das wird sicher potenzielle Anbieter anspornen, gerade im Bereich der Wasseraufbereitung kostengünstigere Verfahren als die bisher bestehenden zu entwickeln.

Fest steht bisher, dass für ein generelles Verbot von Fracking kein Anlass besteht. Das bestätigte auch die Empfehlung in der Risikostudie Fracking, die in Deutschland von einem neutralen Expertenkreis im Jahr 2012 veröffentlicht wurde. Für ein generelles Verbot der Fracking-Technologie sieht der Neutrale Expertenkreis keine sachliche Begründung. Er hält die Technologie für kontrollierbar, wenn entsprechend seiner Empfehlungen vorgegangen wird. Angesichts der neuartigen Risikodimension hält er jedoch eine Herangehensweise in vorsichtigen Schritten für angemessen. Sie ermöglicht ein sorgfältiges Erproben und verhindert, dass voreilig Tatsachen geschaffen werden.

Patrick J. Kieger fasste für „National Geographic" die neusten Verfahren zusammen:

Wasserfreies Fracking: Das Frackingsystem von GasFrac (einer Fracking-Firma), verwendet ein Gelfluid, das Propan enthält, das die Ressource Wasser reduziert. Weil das Gel den Sand besser hält, kommt man mit einem Achtel der sonstigen Flüssigkeitsmenge aus. Zudem braucht man nicht so schnell zu pumpen. Der Anteil an Kohlenwasserstoffs im Gel ist mit dem vergleichbar, was im Boden ist. Das entlastet auch die Reinigung des verschmutzen Abwassers.

Das Verwenden von aufbereitetem Wasser oder Salzwasser: Während man bei Fracking bislang Süßwasser verwendet hat, haben Industrieforscher zu vollkommenen reibungsreduzierenden Zusätzen gearbeitet, die den Förderern erlauben würden, wiederverwandtes oder fachsprachlich „graues" Wasser oder Salzwasser zu verwenden.

Das Beseitigen von Dieselausströmungen: Die dieselangetriebene Ausrüstung, die beim Bohren und Pumpen von Bohrlöchern verwendet ist, kann eine Quelle von schädlichen Schadstoffen wie Kohlenstoffemissionen sein, die zu Erderwärmung beitragen. Und Diesel ist teuer. Im letzten Jahr hat Apache, ein Houstoner Öl- und Gasmaschinenbediener, bekannt gegeben, dass sie die erste Gesellschaft sind, die die Anlagen mit Erdgas antreiben. Zusätzlich zu abnehmenden Emissionen hat die Gesellschaft seine Kraftstoffkosten um 40 Prozent dadurch reduziert.

Halliburton hat eine andere Neuerung: SandCastle ist ein vertikales Lagerungssilo für den Sand, der beim Fracken verwendet wird. Das Silo wird durch Sonnenkollektoren angetrieben. Die Gesellschaft hat zudem auch erdgasangetriebene Pumpenlastwagen entwickelt. Das kann den Dieselverbrauch um 60 bis 70 Prozent reduzieren.

Das Behandeln des Abwassers: Bei manchen Förderstellen würde der Betrag für die Abwasserreinigung weit den Betrag, den man mit dem erzeugtem Öl erzielen kann, überschreiten. Die Flüssigkeit, die zur Oberfläche zurückgelangt, ist nicht nur das chemisch behandelte Fracking-Wasser, sondern auch das Wasser von der Felsenbildung, das kann, Salzwasser oder auch Metalle enthalten. Dieses Abwasser muss aufgefangen und vor Ort versorgt werden. Danach wird es dann häufig über große Entfernungen zu Lagerstätten transportiert, da es wenige Behandlungsoptionen gegeben hat. Aber Halliburton hat das Behandlungssystem von CleanWave weiterentwickelt. Das Wasser wird mit positiv geladenen Ionen und Luftblasen behandelt, um die Partikel der Frackingzusätze vom Wasser zu trennen. Auch GE und Partner Memsys prüfen ein neues Vor-Ort-Behandlungssystem.

Verstopfung von Methanleckstellen: Eine Hauptsorge beim Fracking ist das Auftreten von Methan – Hauptbestandteil von Erdgas – und ein starkes Treibhausgas (es ist 34 mal stärker als Kohlendioxyd (CO_2)). Neue US-amerikanische Umweltregulierungen, die im nächsten Jahr in Kraft treten, verlangen, dass alle US-amerikanischen Öl- und Gasindustrie Ausrüstung entwickeln, um eine breite Reihe von Schadstoffen zu reduzieren:

Bisher kosten die meisten Technologien mehr als die vorhandene Ausrüstung. Das Extrahieren von Erdgas durch das wasserfreie Frackingverfahren könnte zum Beispiel um 25 Prozent mehr kosten als die herkömmliche Methode, sagt David Burnett, Professor für Erdöltechnik an der Texas A&M Universität, die das Umweltfreundliche Bohrsystemprogramm erforscht.

Literatur

The Carbon Crunch, (2012), Dieter Helm, Yale University Press

2 Die weltweiten Fracking-Gebiete

Zusammengestellt mit Material von Advances Resources International -ARI

Die Geologie war bislang eine unspektakuläre Wissenschaft. Doch plötzlich steht sie dank der unkonventionellen Methode Fracking im Scheinwerferlicht. Auch hierzulande debattiert man allerorts über das scheinbar neue Gas- und Ölwunder, dass die Energieknappheit beendet.

Das ist in Teilen auch richtig. Die USA wurde dadurch von Gasimporten unabhängig, da sie durch Fracking ausreichende Ressourcen ausbeuten können. Im Gegensatz zu Deutschland: Hierzulande ist es nicht sehr wahrscheinlich, dass Erdgas und -öl großflächig gefrackt wird. Zum einen, weil die Voraussetzungen (wie schwach besiedelte Landstriche) anders sind, als in den Fracking-Gebieten der Vereinigten Staaten oder Kanada und zum anderen sind die Vorkommen oft nicht förderbar (zum Beispiel durch seismische Gegebenheiten) (Abb. 2.1).

Wie wichtig Fracking wird, zeigt die aktuelle Krisensituation. Vor allem die zur Organisation erdölexportierender Länder (OPEC) gehörenden Staaten haben Schwierigkeiten mit der Produktion. Im Irak drosseln die Anschläge von Extremisten und es schwelt der Streit der Kurdenregion über die Ölindustrie.

Wegen der Ausfälle in Libyen und im Irak sank die OPEC-Produktion im Juli 2013 um 100.000 Barrel am Tag. Der Preis für ein Barrel (159 Liter) der führenden Nordsee-Sorte Brent stieg im Sommer um vier Dollar auf 107,43 Dollar.

Die USA werden nach Einschätzung der US-Energiebehörde EIA in diesem Jahr erstmals mehr Öl fördern als importieren. Dazu trägt vor allem das Fracking bei.

Die in Paris ansässige IEA rechnet damit, dass die USA innerhalb von nur fünf Jahren Saudi-Arabien und Russland als weltgrößte Ölproduzenten ablösen.

Ein Blick auf die Karten soll klären:

Wo gibt es Vorkommen?

Was ist abbaubar?

C. Habrich-Böcker et al., *Fracking – Die neue Produktionsgeografie*,
DOI 10.1007/978-3-658-05887-6_2, © Springer Fachmedien Wiesbaden 2015

Top ten countries with technically recoverable shale resources

Shale gas		
Rank	Country	Trillion cubic feet
1	China	1,115
2	Argentina	802
3	Algeria	707
4	United States	665
5	Canada	573
6	Mexico	545
7	Australia	437
8	South Africa	390
9	Russia	285
10	Brazil	245
	World total	**7,299**

Shale oil		
Rank	Country	Billion barrels
1	Russia	75
2	United States	58
3	China	32
4	Argentina	27
5	Libya	26
6	Australia	18
7	Venezuela	13
8	Mexico	13
9	Pakistan	9
10	Canada	9
	World total	**345**

Abb. 2.1 Eine Bewertung der Internationalen Schiefergas-Ressourcen

Der Beitrag basiert in erster Line auf der Studie Economic and Market Impacts of Abundant International Shale Gas Ressources von 2011, die im Auftrag des US-Energieministeriums durchgeführt wurde und die Gasressourcen unter die Lupe nahm. Um eine Projektion der Auswirkungen von Schiefergas und unkonventionelles Gas für den Rest der Welt zu erarbeiten, wurde zuvor eine Reihe von grundlegenden Fragen erarbeitet:

Wie groß ist die Schiefergas Ressourcenbasis?

Wo gibt es gute Qualitäten („hot spot")?

Wird die Schiefergas-Ressource in einer umweltverträglichen Weise abgebaut werden können?

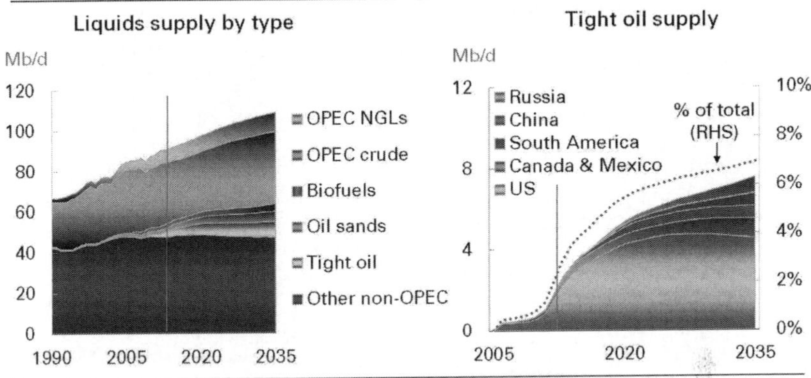

Abb. 2.2 Weltweite Schiefergasvorkommen. (Quelle: BP Energy Outlook)

Die ausführliche Definition der Untersuchungskriterien sind in der Studie aufgeführt; die im Internet verfügbar ist: http://csis.org/files/attachments/110505_EnergyVello.pdf. Die Autoren der Studie prüften 48 bekannte Becken in 32 Ländern.

Die aktivsten Förderländer: die USA and Kanada. Ein Fazit der Studie:

Nordamerika „In den USA steigt die Ölförderung im Jahr 2013 so stark wie noch nie. Dies sagt die US-Energiebehörde EIA voraus. Der Prognose zufolge pumpen die Vereinigten Staaten in diesem Jahr 900.000 Fass mehr Öl pro Tag aus der Tiefe. Die Förderung steigt damit auf 7,3 Mio. Barrel Erdöl pro Tag. Ein Fass (Barrel) Öl entspricht rund 159 l", zitierte das „Handelsblatt" Anfang 2013 die Energiebehörde EIA. Bei 90 Prozent der rund 3.900 Bohrungen kommt laut US-Innenministerium die Fracking-Technologie zu Einsatz. Das zeigt die Bedeutung für die USA. Die größten Vorkommen werden an der kanadischen Grenze vermutet, aber auch im Süden der Staaten, in der Region um Chattanooga könnte ein lohnenswertes Vorkommen lagern. Weitere Details dazu finden Sie in folgender Studie: http://csis.org/files/attachments/120411_gsf_MORSE_ENERGY_2020_North_America_the_New_Middle_East.pdf (Abb. 2.3 und 2.4).

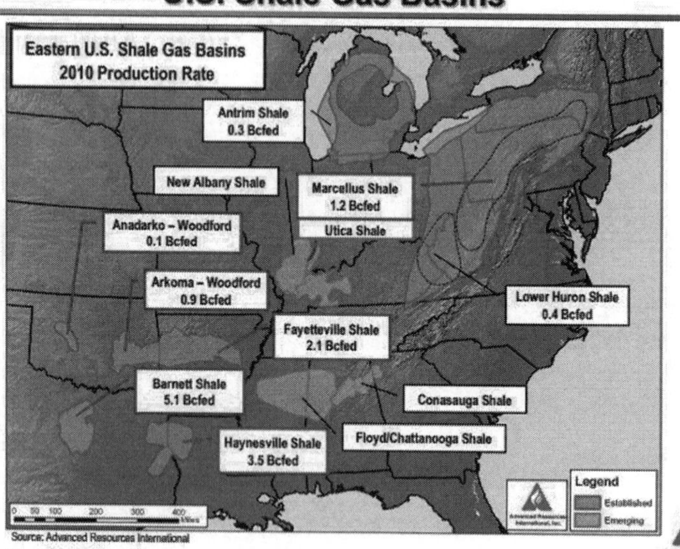

Abb. 2.3 Amerikanische Schiefergasvorkommen: Die USA beutet die Ressourcen dank Fracking aus und ist so auf dem Weg vom importabhängigen Staat zum Energieexporteur zu werden.

Südamerika Ein Viertel der bisher bekannten Vorkommen von 4.449 Tcf (Trillion Kubikfuß, eine Maßeinheit, gebräuchlich in der Öl- und Gasindustrie, um Volumina natürlicher Gasvorkommen Technically recoverable recource zu beschreiben (das US-englische trillion bezeichnet im Deutschen Billion (10^{12})) sind nach der Studie von Advance Ressources förderbar.

Europa Die Vorkommen sind zwar vermeintlich groß. Nach Schätzungen der Experten liegen sie bei mit 2650 Tcf. Das wäre knapp die Hälfte der Vorkommen von Südamerika. Jedoch, so sagen die Experten, sind davon nur 640 Tcf förderbar (Abb. 2.5).

Volksrepublik China Die beiden größten Bassins halten zusammen nach den Schätzungen der ARI-Experten 5.101 Tcf, wovon allerdings nur 1.275 Tcf einfach förderbar sind. Wie viel es insgesamt ist, ist aufgrund der Informationslage schwer zu beziffern.

Shale Gas Basins of Western Canada

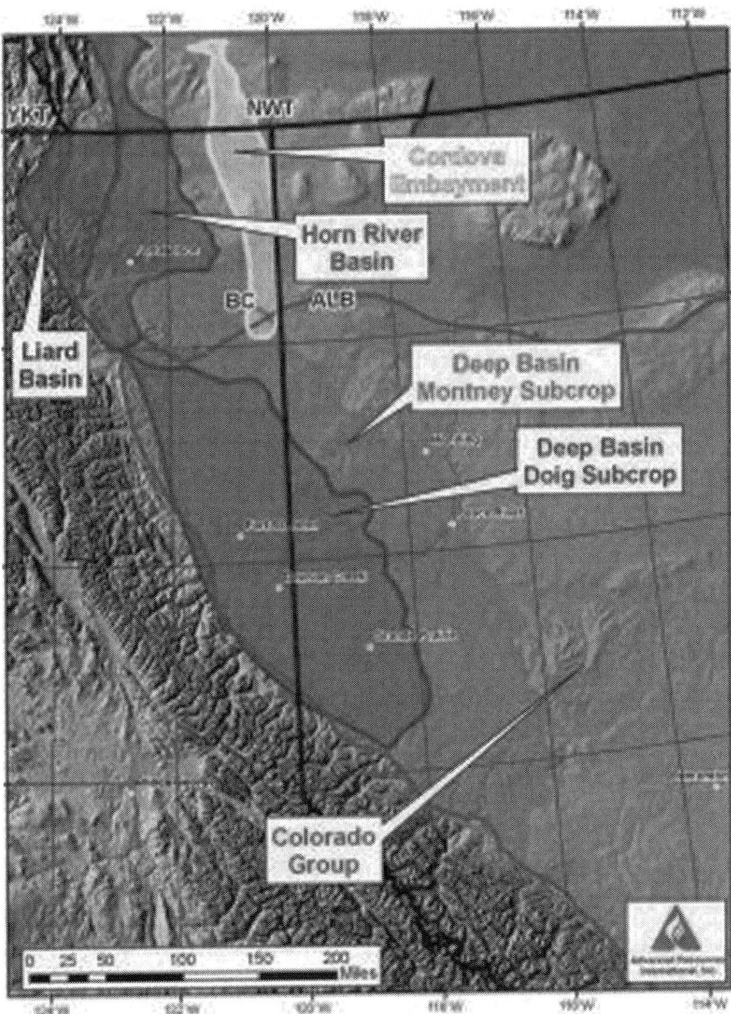

Abb. 2.4 Kanada verfügt - wie die USA - über große Vorkommen. Das drängt das Ölsandverfahren in den Hintergrund. Dank der unkonventionellen Fördermaßnahmen ist Kanada von Energieimporten relativ unabhängig

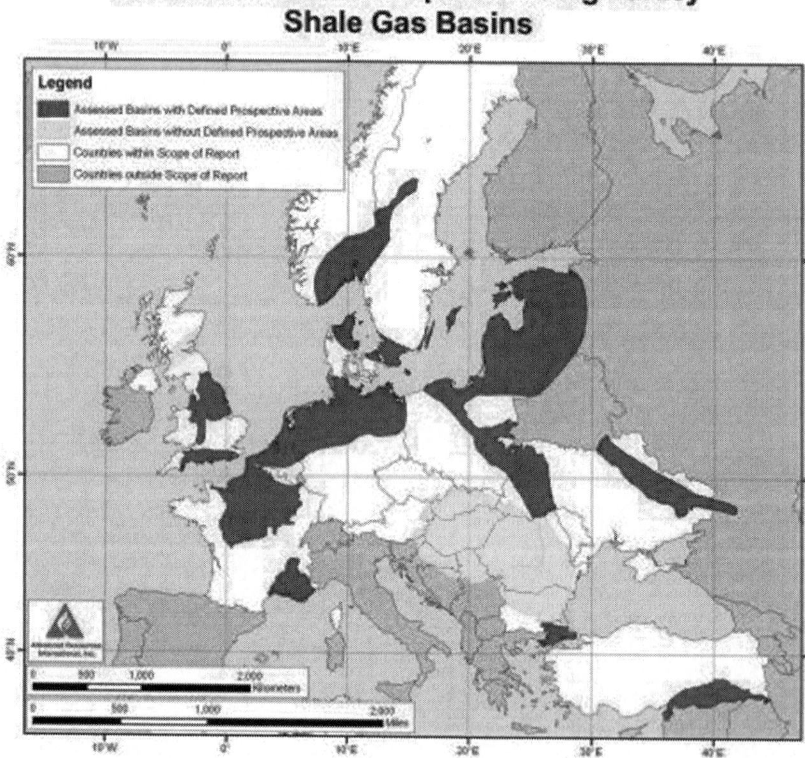

Abb. 2.5 In Europa sank im vergangenen Jahr die Fördermenge an Erdgas. Auch dadurch rückt Fracking in den Fokus mancher europäischer Regierung

Fracking hat besonderen Reiz, weil es in China eine Alternative zur Kohle darstellt, die derzeit rund 70 Prozent der landesweit verbrauchten Energie liefert", heißt es in dem Artikel. So gesehen würde Fracking Chinas CO_2-Ausstoß gut tun (Abb. 2.6).

Onshore Shale Gas Basins of China

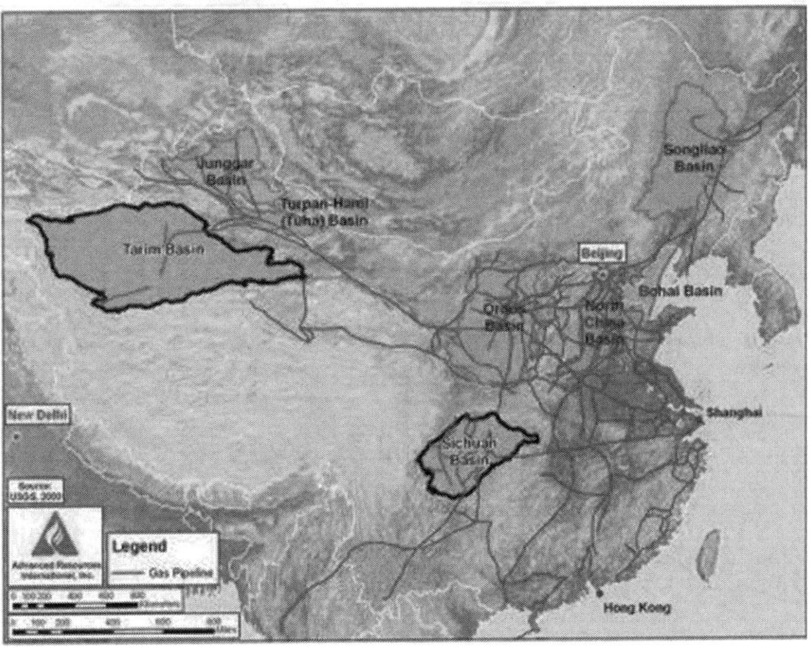

Abb. 2.6 Chinas Gasvorkommen: Noch wird ein Gutteil nicht gehoben, da es unter anderem die Infrastruktur dafür noch nicht ausgebaut ist. Aber die Regierenden treiben den Abbau der Ressourchen voran

3 Die Auswirkungen auf die Wirtschaft

Die Energiefrage wird entscheidend für die Wachstumsperspektiven der Wirtschaft sein. „Hier sind Staat und Wirtschaft besonders gefordert, zu kooperieren und gemeinsame Lösungsansätze zu finden", ist ein Fazit des aktuellen Reports von Deloitte „Manufacturing for Growth – Strategies for Driving Growth and Employment" für das World Economic Forum (Abb. 3.1).

Das gilt nicht nur für Deutschland, sondern für alle etablierten Volkswirtschaften ist das Thema Energieversorgung eine der Schlüsselaufgaben für die Regierungen, sagen die für den Report befragten Manager von multinationalen Unternehmen. Denn die Frage der Versorgungssicherheit, des steigenden Bedarfs und nicht zuletzt des Preises entscheidet zum Gutteil über die Wettbewerbsfähigkeit der Standorte. Um den neuen wachsenden Anforderungen gerecht zu werden, greift man unter anderem zu einer althergebrachten Technologie, dem Fracking und fördert damit vorwiegend in den USA Schiefergas und -öl.

Fracking steht im Verdacht, sowohl auf einzelwirtschaftlicher Ebene (Unternehmen) als auch auf volkswirtschaftlicher Ebene in den nächsten Jahren massive Strukturbrüche zu verursachen. Dabei sind die Fakten und die internationalen Forschungsergebnisse auf Seiten der Ökonomie bisher durchaus noch nicht befriedigend untersucht.

Man stützt sich dabei derzeit in erster Linie auf Zahlen aus den Staaten, die unkonventionelles Erdgas seit Jahren im großen Umfang fördern. Der Einsatz von Fracking hatte für die USA den positiven Effekt, dass sie zu Produzenten aufgestiegen sind und nicht mehr als Importeure für Gas auf dem Markt agieren. Die Energiepreise sind in der Folge dort seit 2010 deutlich gesunken. Was zu einer Renaissance der Vereinigten Staaten als Produktionsstandort führt. Laut „Faktenpapier unkonventionelles Erdgas in Deutschland", herausgegeben vom Deutschen Industrie und Handelskammertag (DIHK), ist die Stromrechnung für die energieintensive Industrien dort um die Hälfte niedriger als hierzulande. „Dank der günstigen Energiepreise erlebt die US-Industrie derzeit einen Aufschwung: Hohe In-

C. Habrich-Böcker et al., *Fracking – Die neue Produktionsgeografie*,
DOI 10.1007/978-3-658-05887-6_3, © Springer Fachmedien Wiesbaden 2015

	Deutschland	USA	Japan	China	Brasilien	Indien
Nachwuchsförderung	9,47	8,94	8,14	5,89	4,28	5,82
Ökonomie, Handel, Finanz- und Steuersysteme	7,12	6,83	6,19	5,87	4,84	4.01
Infrastruktur	9,82	9,15	9,07	6,47	4,23	1,78
Arbeits- und Materialkosten	3,29	3,97	2,59	10,00	6,70	9,51
Energiekosten und –politik	4,81	6,03	4,21	7,16	5,88	5,31
Zulieferernetzwerk	8,96	8,64	8,03	8,25	4,95	4,82

Bewertung der Wettbewerbsfaktoren für ausgewählte Länder in selektierten Kategorien, Bewertungsgrundlage: 10-Punkte-Skala (1 wenig konkurrenzfähig, 10 sehr konkurrenzfähig) laut einer Befragung unter führenden internationalen Managern von Deloitte Touche Tohmatsu Limited und dem US-Coucil of Competititveness, 2013 Global Manufacturing Competitiveness Index.

Abb. 3.1 Einschätzung der Wettbewerbsfaktoren für ausgewählte Länder. (Quelle: Deloitte Touche, Tohmatsu Ltd., US Coucil of Competivenes)

vestitionen sind vor allem in energieintensiven Branchen wie der Chemie-, Stahl-, Aluminium- und Kunststoffindustrie zu verzeichnen. Nach aktuellen Schätzungen werden in den USA angesiedelte Unternehmen des verarbeitenden Gewerbes im Jahr 2015 um 15 Prozent günstiger produzieren können als in Deutschland und um nur sieben Prozent teurer als in China", heißt es im Faktenpapier.

Auch der weltweite Ölmarkt wäre betroffen, wenn unkonventionelles Erdöl in großem Stil mit Hilfe der Fracking-Technologie gefördert werden sollte. Im Vergleich zum Gas steht die Ölförderung aber noch am Anfang. Von einem weltweiten Boom bei unkonventionellem Öl könnte insbesondere Deutschland direkt durch sinkende Ölpreise profitieren: Die Unternehmensberatung PriceWaterhouseCooper (PWC) geht in der 2013 veröffentlichen Studie „Shale oil: the next energy revolution" davon aus, dass das deutsche BIP dadurch um 2,5 bis 5 Prozent höher liegen könnte als durch den Status quo. Der Anteil unkonventionellen Öls an der Gesamtproduktion könnte laut PWC im Jahr 2035 bei 12 Prozent liegen, zitiert der DIHK.

Was Sie in diesem Kapitel erfahren:

3.1 Der Faktor Energie in der Kostenrechnung
3.2 Die Energiepreise und die Standortwahl
  3.2.1 Das Fracking in den Schwellenländern
  3.2.2 Das mögliche Verbot in der EU
3.3 Die Reaktionen der Finanzmärkte/Investoren
3.4 Die politischen Eingriffe
3.5 Die Energiewende und ihr Einfluss auf die Standortattraktivität

Zu diesen Fragenkomplexen interviewte der Journalist Manfred Dittenhofer zwei namhafte Wissenschaftler. Zum einen Professor Dr. Dr. Horst Wildemann[1], Ordinarius für Betriebswirtschaftslehre an der Technischen Universität München, und zum anderen den Londoner Sozialwissenschaftler Dr. Benny Peiser[2] über den Stand der Forschung, empirische Befunde und Ansichten auf betriebswirtschaftlicher und volkswirtschaftlicher Ebene. Deren Sichtweisen sind nachfolgend zu den jeweiligen Fragen zusammengestellt.

3.1 Der Faktor Energie in der Kostenrechnung

Prof. Dr. Dr. Horst Wildemann von der Technischen Universität München, Leiter des Beratungsteams TCW für Unternehmensplanung und Logistik, zur Bedeutung des Produktionsfaktors Energie: „Die Energie als Einflussfaktor auf die Produktionskosten betrifft überwiegend den variablen Kostenanteil. Der mit der zunehmenden Verknappung von Ressourcen verbundene Preisanstieg wirkt sich somit direkt auf die variablen Stückkosten aus und schmälert entweder den Unternehmenserfolg oder wird als Preiserhöhung an den Kunden weitergegeben. Je nach Preissensibilität des Kunden wird sich dieser dazu entscheiden, bei einem etwaigen Preisanstieg weniger Produkte abzunehmen und somit den Umsatz zu schmälern. Langfristig können die weltweit schrumpfenden Rohstoffvorkommen jedoch auch zur Rationalisierung der Produktionsprozesse führen."

Der Wissenschaftler weiter: „Eine bisher verstärkte Ausrichtung auf logistische Zielgrößen resultiert aus dem Denken, dass Produktionskosten überwiegend aus Materialkosten, Personalkosten und Abschreibung von Anlagen bestehen. Steigende Energiepreise zwingen die Unternehmen dazu, den Faktor Energie stärker in die Produktionsplanung mit einzubeziehen und als Steuerungsgröße zu einem Wett-

[1] Univ.-Prof. Dr. Dr. h. c. mult. Horst Wildemann

Nach dem Studium in Aachen und Köln – Maschinenbau (Dipl.-Ing.) und Betriebswirtschaftslehre (Dipl.-Kfm.) – 1974 Promotion zum Dr. rer. pol., 1980 Habilitation an der Universität Köln lehrte er an den Universitäten Bayreuth, Passau und seit 1989 an der Technischen Universität München. Leiter des Beratungsteams TCW für Unternehmensplanung und Logistik mit über 60 Mitarbeitern in München und Veranstalter des Münchner Management Kolloquiums. Ehrendoktor der Universitäten Klagenfurt, Passau (Dr. h.c.) und Cottbus (Dr.-Ing. E.h.)

[2] Dr. Benny Peiser ist Direktor der „Global Warming Policy Foundation", einer britischen Denkfabrik, die viele Maßnahmen gegen die von Menschen verursachte Erderwärmung in Frage stellt. Der Sozialwissenschaftler ist Gründer und Herausgeber von CCNet, dem weltweit führenden Netzwerk für Klimapolitik. Benny Peiser, geboren 1957 in Haifa, Ph.D.,Alma mater Johann Wolfgang von Goethe-Universität, Frankfurt am Main

bewerbsvorteil zu transformieren. Die Energiekosten sind im Rahmen einer Logistik- und Standortbetrachtung als nachhaltigkeitsorientierte Anpassungsauslöser zu verstehen. Die Verknappung an Ressourcen erzwingt im Sinne des Nachhaltigkeitsgedankens eine Anpassung der bestehenden Logistik- und Standortstrukturen. Den Unternehmen wird somit ein hohes Maß an Flexibilität und damit Wandlungsfähigkeit abverlangt. Am Forschungsinstitut für Unternehmensführung, Logistik und Produktion wird vor diesem Hintergrund derzeit ein Forschungsprojekt durchgeführt, welches sich mit genau diesen Fragestellungen beschäftigt. Ziel ist es, ein Bewertungsmodell für Wandlungsauslöser wie der Verknappung von Energieressourcen zu entwickeln und die Gestaltungsfelder zur Optimierung der Anpassungsfähigkeit zu erarbeiten" (Abb. 3.2).

3.2 Die Energiepreise und die Standortwahl

„Die Versorgungslage lässt sich am energiepolitischen Dreieck mit den Dimensionen Effizienz, Versorgungssicherheit und Wirtschaftlichkeit darstellen. Das Fracking hat zunächst keinen direkten Einfluss auf die Effizienzbilanz der Energieversorgung. Wichtiger sind vielmehr die Dimensionen Versorgungssicherheit und Wirtschaftlichkeit", erklärt Wildemann. Doch er macht klar, dass die gewonnenen Gasvorkommnisse sowohl die Importabhängigkeit als auch die verfügbare Menge insgesamt erhöhen. Und somit wird sich die Methode kurzfristig positiv auf die Versorgungssicherheit wie auch die Wirtschaftlichkeit auswirken. „Die unsicheren Langzeitwirkungen der Methode sind jedoch noch umstritten", schränkt er ein. Und macht auf den Umstand aufmerksam, dass insbesondere die enormen Produktionsrückgänge beim Fracking zu erwähnen sind, die je nach Studie bei bis zu 80 Prozent p. a. liegen. Eine langfristige Versorgungssicherheit wird damit erheblich infrage gestellt. Ebenso sind die Langfristauswirkungen auf die Umwelt und damit anfallende Folgeinvestitionen fraglich. Und er ist überzeugt, dass Unternehmen bei Standortentscheidungen keinen einseitigen Betrachtungswinkel einnehmen. Die Unternehmen werden sich in Abhängigkeit der Erfolgsdimensionen Flexibilität, Zeit, Qualität und Kosten für oder gegen einen Standortwechsel entscheiden. Sich ausschließlich auf die Kostendimension in Abhängigkeit von den Energiepreisen zu beschränken, würde essentielle Erfolgsfaktoren vernachlässigen. In Anbetracht der derzeit unsicheren politischen und gesetzlichen Lage hinsichtlich der Fracking-Methode wäre eine vorschnelle Standortwechsel-Entscheidung wenig sinnvoll und stark risikobehaftet.

Zu beachten sei aber: In der energieintensiven Industrie bestimmen die Energiekosten zusammen mit den Lohnkosten den Hauptanteil der Kosten und führen

Branche*	Welt	USA	Japan	Europa	Deutschland
Land- und Forstwirtschaft	3,2	3,1	0,9	1,5	0,6
Produzierendes Gewerbe ohne Bau	4,0	3,0	1,5	1,5	1,4
Textil- und Bekleidungsgewerbe	4,4	-0,31	-0,2	-0,1	-1,3
Papier-, Verlags- und Druckgewerbe	2,9	1,5	0,4	1,3	0,5
Chemisch-Pharmazeutische Industrie	4,5	3,3	2,3	1,9	1,8
Maschinenbau	3,9	3,2	1,7	1,6	1,8
Metallerzeugung- und –bearbeitung	4,3	2,3	0,4	1,1	0,6
Fahrzeugbau	3,5	2,8	1,8	1,7	1,8

- Durchschnittliche jährliche Wachstumsraten 2011 bis 2030 in Prozent, Quelle VDI

Abb. 3.2 Die künftigen Wachstumsraten der Branchen. (Quelle: VCI)

somit zu einer hohen Bedeutung der Energiepreise. Vor allem die Chemie-, Stahl-, Zement-, Aluminium- und Papierindustrie, die sich bereits aktuell einem hohen Wettbewerbsdruck gegenüber sehen, sind von den unterschiedlichen Standortrahmenbedingungen betroffen. Eine Abwanderung der energieintensiven Industrien muss aber laut Wildemann in einem gesamtwirtschaftlichen Kontext gesehen werden. Durch den Multiplikator-Effekt führt eine Abwanderung auch in weiteren Branchen zu tiefgreifenden Veränderungen. Circa 80 Prozent der Unternehmen im verarbeitenden Gewerbe haben eine Lieferbeziehung mit der energieintensiven Industrie, sodass hier eine negative Auswirkung auf Zulieferer und Dienstleister zu erwarten ist. Auch arbeiten 40 Prozent der Unternehmen in Kooperationsnetzwerken mit der energieintensiven Branche zusammen, sodass hier vor allem ein Effekt auf die Forschung- und Entwicklung zu erwarten ist. Wildemann sieht erste Reaktionen: „Die Forscher registrieren bereits, dass Unternehmen auf diese Entwicklung reagieren und keine Investitionen in neue Standorte in Europa planen."

Noch ist für Professor Wildemann nicht genau abzusehen, ob die Zulieferer und die Dienstleister dieser energieintensiven Industrie mit umsiedeln. „Das ist für kleinere Betriebe natürlich nicht so einfach. Aber wir werden im Bereich der Zulieferer weniger Investitionen erleben. Und die Großindustrie sucht sich einfach vor Ort neue Zulieferer. Da kann neben der eigentlichen Standortwahl der Großen auch eine ganze Reihe an Folgeerscheinungen auf uns zukommen."

Sozialwissenschaftler Dr. Benny Peiser sieht schon drastischere Auswirkungen auf Standortentscheidungen durch die aktuellen Bedingungen: „Bereits in den vergangenen zwei Jahren hat die energieintensive Industrie eine massive Veränderung der Rahmenbedingungen erfahren. Viele Industrien siedeln sich in den USA an oder kehren dorthin zurück. Und auch aus Deutschland und Europa gibt es Abwanderungsbestrebungen rein aus Energiekostengründen. Schließlich kostet die Energie in Europa bis zu viermal mehr als in den Vereinigten Staaten. Damit rentiert sich das Produzieren in Europa einfach nicht mehr. Die Kosten sind betriebswirtschaftlich nicht mehr vertretbar."

Der Sozialwissenschaftler führt weiter aus: „Für die energieintensive Wirtschaft ist der Energiepreis der ausschlaggebende Faktor bei der Standortfrage, neben der Versorgungssicherheit und der politischen Sicherheit. Als energieintensiv verstehen wir Unternehmen, die rund die Hälfte ihrer Kosten in Energie stecken. Eine Preisschere, die es früher beispielsweise bei den Lohnkosten zwischen Asien und Europa gab, entwickelt sich nun bei den Energiekosten. Das Erlassen von Netzentgelten hilft nur bedingt, die Industrien am Standort zu binden. Solche Subventionen sind nicht garantiert. Und der volle Unterschied zur billigeren Energie kann nicht abgegriffen werden. In Großbritannien soll es zukünftig eine Netzentgeltregelung geben wie in Deutschland, weil die Unternehmen der Regierung die Pistole auf die Brust gesetzt haben: Die Energie sei so teuer, dass sie aufgeben müssten. Aber mit den Subventionen werden momentan vorhandene Strukturen am Leben erhalten. Neuinvestitionen und Neuansiedlungen aber schafft man so nicht." Das bestätigt Wildemann: „Vor allem die energieintensiven Unternehmen werden langfristig an einem Hoch-Energiepreis-Standort keine internationale konkurrenzfähige Produktion aufrechterhalten können."

Eine langfristige und verlässliche Energiepolitik ist auch aus Sicht von Wildemann unerlässlich für sichere Investitionsrahmenbedingungen. Unternehmen fordern daher zu Recht, dass die nachhaltige Entwicklung der Energie nicht zu Lasten der Wettbewerbsfähigkeit der Industrie gehen darf.

Und dabei spielt Fracking für Wildemann eine große Rolle: „Fracking wird in Zukunft eine bedeutende Auswirkung auf die Energiepreise und damit auf die Wettbewerbsfähigkeit der Unternehmen haben. Unternehmen müssen bereits heute Prognosen über die zukünftige Entwicklung der Energiepreise erstellen, um somit ihre Investitionen optimal auszugestalten."

In welchem Maß sich die Fracking-Förderung auswirken kann, errechnete die Investmentgesellschaft Kohlberg Kravis Roberts & Co. L.P. (KKR) in einem White Paper[3] „Aufgrund neuer Fördermethoden wie Fracking verbessert sich die US-Handelsbilanz um wahrscheinlich $ 120 Mrd. bis 2017. Das entspricht ungefähr einem Viertel des US-Handelsdefizits 2010. Weiterhin führen die Autoren an, dass

[3] KKR-Report: (November 2012) Historic Opportunities from Shale Gas Revolution

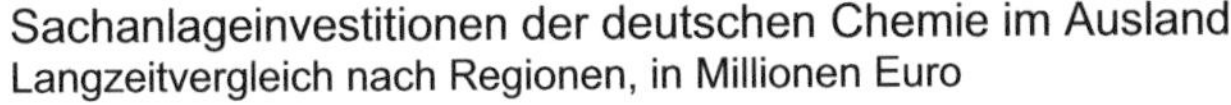

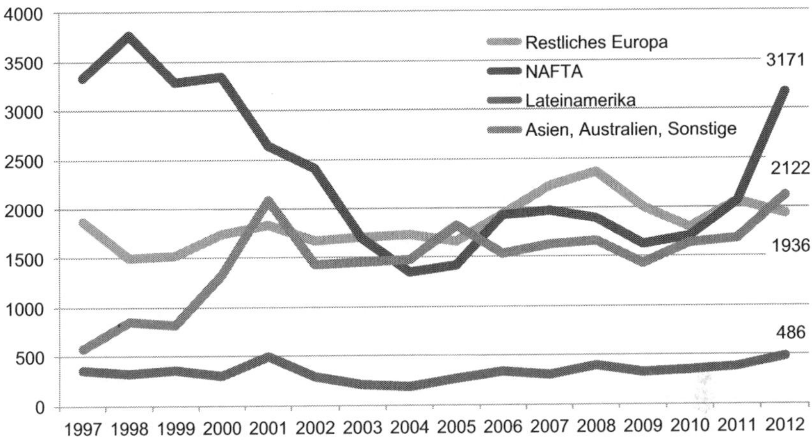

Abb. 3.3 Die hohen Energiepreise sind unter anderem ein Grund zur Abwanderung ins Ausland, wie das Beispiel Chemieindustrie belegt. (Quelle: VCI)

aufgrund der Fördermethoden 330.000 direkte Jobs entstehen sowie 120.000 bis 210.000 Stellen in der Produktion und bis zu 40.000 in der Konstruktion."

Dank der aktuellen Attraktivität der Vereinigten Staaten auch aufgrund von Fracking sieht auch Peiser für das gesamte Land einen positiven Jobeffekt: „Alleine in der Chemieindustrie soll durch Neu- und Wiederansiedlungen sowie durch die Erweiterung von Produktionskapazitäten 300.000 zusätzliche Arbeitsplätze geschaffen werden. Außerdem haben die USA einen großen Vorteil gegenüber beispielsweise den Asiaten: Sie können auf bereits vorhandene Infrastrukturen, wie Pipelines, zurückgreifen. Außerdem setzen die Amerikaner die Förderung des Erdgases viel schneller um als die Europäer. In Großbritannien sind zwar alle Parteien für den Abbau des Schiefer-Erdgases. Allerdings geht die Umsetzung dieses politischen Willens sehr viel langsamer von statten, da die Regierung zaudert und Entscheidungen zentraler getroffen werden als in den USA. Dort ist es eine regionale Entscheidung. Private Unternehmen holen das Erdgas ohne staatliche Gelder aus dem Boden. So bilden sich auf natürliche Art und Weise ganz neue Industriestrukturen, die Steuereinnahmen und Investitionen bringen."

Arbeitsplatzaufbau: Schon jetzt sind etwa 1,7 Million. neue Jobs im Zuge des Einsatzes der Fracking-Technologie entstanden. Bis 2020 könnte sich diese Anzahl verdoppeln, heißt es in einer gemeinsamen Studie vom Hamburger Weltwirtschaftsinstitut und der Berenberg Bank. PwC ist vorsichtiger: Die Unternehmensberatung geht in einer Studie aus dem Jahr 2011 davon aus, dass die produzierenden US-Firmen mehr als eine Million Arbeitsplätze bis 2025 durch das Comeback schaffen werden (Abb. 3.4).

„Langfristig kann sich USA aufgrund der geringen Strompreise sicherlich zu einem Produktions-Eldorado entwickeln", ist Wildemann sicher. Dies vor allem vor dem Hintergrund, dass Produktionsumfänge in der Vergangenheit von den USA ins Ausland verlagert wurden – wie in keinem anderen Industrieland der Welt.

Doch der Experte sieht deswegen in Deutschland nicht das Licht ausgehen: „Für einen erfolgreichen Produktionsstandort, wie es Deutschland derzeit ist, sind jedoch auch andere standortrelevante Faktoren zu berücksichtigen. Wesentliche Faktoren sind die Verfügbarkeit von ausgebildeten Fachkräften, das Lohnniveau, die Innovationskraft und das Zulieferernetzwerk. Ein Produktionsboom kann erst entstehen, wenn alle standortbestimmenden Faktoren zusammenwirken. Aus der Vergangenheit lässt sich lernen: Eine abrupte Verbesserung eines einzigen Faktors führt kurzfristig nur zu marginalen Veränderungen des Gesamtzustandes und nur bei einer optimalen Incentivierung und Entwicklung der Standortfaktoren zu einem „Produktions-Eldorado".

3.2.1 Das Fracking in den Schwellenländern

Wildemann fasst die herrschende Meinung zusammen: „Die Technik wird speziell in den aufstrebenden Schwellenländern in Asien und Lateinamerika mit großer Aufmerksamkeit beobachtet. Diese werden im Zuge der Industrialisierung in naher Zukunft einen hohen, weiter steigenden Energiebedarf haben. Der niedrige Strompreis, eine höhere Verfügbarkeit von Energie kann die Geschwindigkeit der Industrialisierung stark vorantreiben. Die zunehmende Industrialisierung führt zu der Entwicklung eines wettbewerbsfähigen Fertigungsstandorts, der, neben der verlängerten Werkbank hochindustrialisierter Standorte, auch eigene Produkte entwickelt und global vertreibt. Konkret ist für Asien, Lateinamerika und aufstrebende Entwicklungsländer jedoch zunächst die kostengünstige Energiebereitstellung für die erhöhte Nachfrage sichergestellt. Dementsprechend wird die anhaltende Industrialisierung nicht verlangsamt."

Peiser unterstreicht die Aussage noch mit einem anderen Exempel: „Argentinien hat eines der größten Schiefergasvorkommen. Innerhalb eines Jahres konnte dort mit der Förderung begonnen werden. Man sieht anhand dieses Beispiels, wie schnell es gehen kann, wenn der politische Wille und die Investoren aufeinandertreffen. Dort sind dann auch keine Subventionen notwendig. Auch die asiatischen Länder, allen voran China, werden das Fördern von Schiefer-Erdgas vorantreiben."

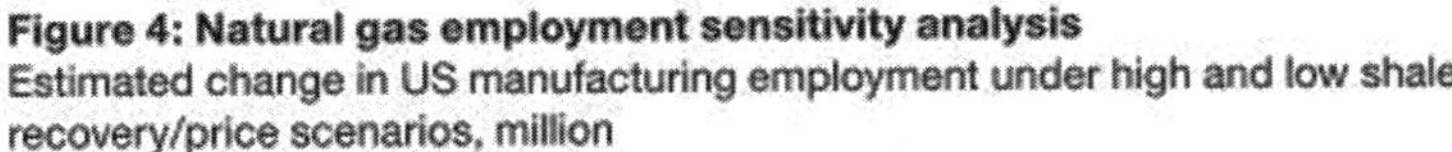

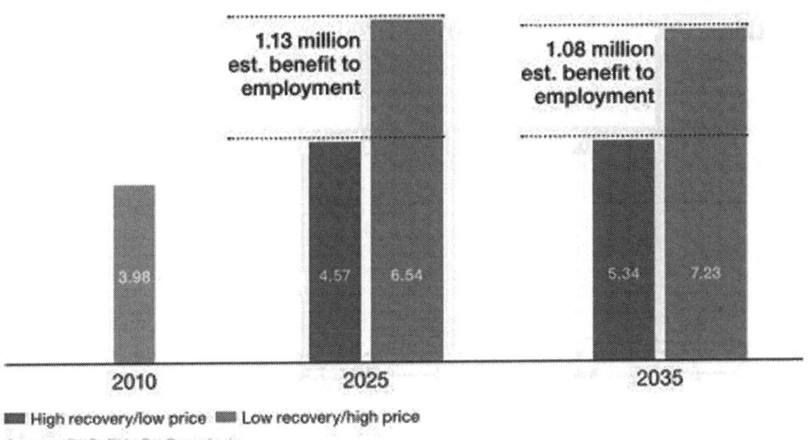

Abb. 3.4 Entwicklung der Beschäftigtenzahlen der US-Industrie. (Quelle PWC)

3.2.2 Das mögliche Verbot in der EU

Ein Verbot in der Europäischen Union von Fracking, dass permanent debattiert wird (siehe auch Kapitel Politik, Kap. 7) ist aus Sicht des Wissenschaftlers Wildemann kritisch: „Allein die energieintensiven Industrien in Europa haben 2012 etwa 130 Mrd. € zum BIP beigetragen. Diese Branche ist sehr preissensitiv. Ein generelles Fracking-Verbot würde zu höheren Strompreisen und einer enormen Wettbewerbsverzerrung in diesen Industrien führen. In einer Bundespressekonferenz bestätigte auch Kanzlerin Angela Merkel die Wichtigkeit der Energiekosten für den wirtschaftlichen Standort. „Der Anteil der Industrieproduktion am BIP beträgt in Deutschland noch mehr als 20 Prozent." Dementsprechend würden sich diese Industrien langfristig auf Standorte in Asien oder Lateinamerika fokussieren. Insbesondere die Global Player der Branche haben geringe Bindungen zu den aktuellen Standorten, sodass mit einer schnellen Abwanderung zu rechnen ist. Wenn zehn Prozent der energieintensiven Industrien die EU verlassen, gehen damit 250.000 Arbeitsplätze verloren. Weiterhin sind die Multiplikatoreneffekte in andere Industrien zu berücksichtigen."

Sozialwissenschaftler Peiser wird noch deutlicher: „Frankreich ist ein recht gravierendes Beispiel, denn das Land sitzt auf einem besonders bedeutenden Schiefergasvorkommen. Dort zeigt sich die Irrationalität der Energiepolitik. Wenn das Schiefergas dort nicht gefördert wird, kostet das sicherlich Arbeitsplätze, da die Investitionen ausbleiben. Frankreich befindet sich eh schon in einer Rezession, die dadurch nicht nur nicht abgeschwächt wird, sondern noch verstärkt wird. Irrational sind die Entscheidungen, weil sich Europa seit 20 Jahren auf dem kollektiven Trip befindet, die Welt retten zu wollen. Das wird im Fiasko enden. Und dann erhält die Wirtschaft wieder das, was sie momentan nicht hat: den Vorrang vor umweltpolitischen Fragen. Der EU-Gipfel im Mai 2013 hat einen solchen Wandel im Denken der Entscheidungsträger bereits angekündigt."

3.3 Die Reaktionen der Finanzmärkte/Investoren

Ein Beispiel für Wildemann, wie die Kapitalmärkte Fracking einstufen, ist das Unternehmen Chesapeake Energy. Chesapeake gehört zu den Pionieren des Frackings. Der Aktienkurs dieses Unternehmen befindet sich seit Mitte 2011 im Abwärtstrend und büßt allein in diesem Jahr 30 Prozent an Wert ein. Bei steigenden Gaspreisen in den USA wird die Aktie wieder nachhaltig an Wert gewinnen. Zurzeit besteht jedoch eine Überproduktion an Gas, die den Preis drückt. Die Kapitalgeber sind häufig an kurzfristigen Profiten interessiert, sodass sich der Kapitalmarkt zunächst auf die gasfördernden Unternehmen richtet. Die Entwicklung einzelner Standorte steht hierbei nicht im Fokus der Betrachtung.

Aber ein anderer Effekt ergibt sich auf der Investorenseite. Experten schätzen auf Basis, von Industrieberichten, dass die Chemieindustrie in den USA allein $ 15 Mrd. in die Produktion investiert hat. „Da diese Investitionen zu mehr Versorgungssicherheit führen, könnten die Vereinigten Staaten global Low-Cots-Anbieter von Energie-und Rohstoffen für die chemische Industrie werden."

Gas als favorisierter Energieträger in der Produktion? Doch Gas wird trotzdem laut Wildemann nicht weltweit als der Energieträger in der Produktion aufsteigen, obwohl im Juli 2012 CNG (komprimiertes und damit verflüssigtes Erdgas, verwendet in Erdgas-Fahrzeugen) in den Vereinigten Staaten 53 Prozent weniger als Benzin kostet.

> „Für die Produktion wird Gas kein optimaler Energieträger sein. Russland ist hierbei ein gutes Beispiel. Dort wird in der Industrie häufig Strom mit Gasgeneratoren erzeugt oder direkt die mechanische Energie der Turbine genutzt. Dieser Prozess ist von hohen Ineffizienzen geprägt. Der Trend in der russischen Industrie ist daher der

Shift von Gas hin zu effizienten Elektroantrieben. Als Energieträger wird Gas in den USA jedoch für die allgemeine Stromversorgung (also auch für das produzierende Gewerbe) von großer Bedeutung sein. Effiziente Gaskraftwerke werden in den USA langfristig für die Bereitstellung von günstigem Strom verantwortlich sein. Erste Trends eines Coal-to-Gas-Shifts sind hierbei schon erkennbar", sagt Wildemann.

„Was den Standort Deutschland als Technologie- und Innovationsführer anbetrifft, wird die Suche nach energieeffizienten Prozessen nach Ansicht der meisten Innovationsforscher in die Richtung weiterentwickelt, dass bestehende Elektromotoren weiter verbessert werden und so Teile des Standortnachteils kompensieren", sagt Produktionsexperte Wildemann. Aufgrund der globalen Netzwerke und des Exports von Technologien wird dieser Effizienzvorteil jedoch auf der ganzen Welt nutzbar sein. Als Technologieführer wird in Deutschland daher der Export von Innovationen eine zunehmende Bedeutung für Wachstum einnehmen.

Peiser ergänzend: „Im 20. Jahrhundert fand der Wechsel von Kohle auf Erdöl statt. Vielleicht stehen wir gerade am Wechsel zum Erdgas. Die internationale Preisbindung an den Erdölpreis ist vor zwei Jahren gefallen. Jetzt kann sich das Erdgas, das ein hochwertiger Energieträger ist, getrennt entwickeln. Die Folge ist jetzt schon, dass der Verkauf von Erdgas-Fahrzeugen ansteigt. Vor allem Busse und Taxis werden gerne damit betrieben. Die Elektroautos werden meiner Meinung nach floppen. Nicht einmal das staatliche Geschenk von 5000 £ für den Kauf eines E-Autos hilft in Großbritannien, die Zulassungszahlen signifikant ansteigen zu lassen. Die Energiepolitik basiert auf der Annahme, dass die Preise von Erdöl und Erdgas nur eine Richtung kennen, und zwar nach oben. Diese Grundannahme erweist sich nun als falsch."

3.4 Die politischen Eingriffe

„CO_2-Regularien", sagt Wildemann, „schränken zunächst den Handlungsspielraum der produzierenden Industrie ein. In welcher Höhe Kosten für einen Ausbau der Regelungen anfallen, ist extrem stark von der Adaptionsfähigkeit der betroffenen Unternehmen abhängig. Die Frage ist also nicht, in welcher Höhe Kosten auf die Unternehmen zukommen, sondern wie sie in Zusammenarbeit mit den Gesetzesgebern ein ganzheitliches Optimum erreichen können. Die damit in Verbindung stehenden Herausforderungen gilt es, in die unternehmerische Planung mit einzubeziehen und zu berücksichtigen. Durch geschickte Anpassungsmaßnahmen können durch Rationalisierungen auch Wettbewerbsvorteile entstehen."

Aus dem Blickwinkel des Sozialwissenschaftlers Peiser hat Fracking diesbezüglich sogar einen positiven Effekt: Eine Ironie der US- und der EU-Energiepolitik ist, dass die CO_2-Emissionen in den Vereinigten Staaten mit der Erschließung des Schiefergases drastisch gesunken sind, da von Kohle auf Erdgas umgestellt wurde. Und das ganz ohne staatlichen Eingriff oder irgendwelcher Subventionen. Quasi als Nebeneffekt. In Europa dagegen geht man gerade vom Atom zur Kohle über und erhöht damit die CO_2-Emissionen. Diese Problematik sollte eigentlich einmal der Emissionshandel lösen. Aber dieser führte in der EU zu einseitigen Belastungen der Industrie. Beim Emissionshandel gibt es nur die Möglichkeit eines internationalen, global weit geltenden Abkommens. Und ob das jemals zustande kommen wird, wage ich zu bezweifeln. Die EU wollte Vorreiter spielen und hat einfach mal damit angefangen. Damit war und ist der CO_2-Emissionshandel aber von vornherein zum Scheitern verurteilt. Ich glaube nicht, dass es zu höheren CO_2-Kosten kommen wird. Viel eher glaube ich, dass der CO_2-Preis einen Kollaps erleidet."

3.5 Die Energiewende und ihr Einfluss auf die Standortfrage

Global gesehen ermöglicht der Paradigmenwechsel in der Energieproduktion den Wirtschaftsregionen, ihre Ressourcen standortoptimal auszunutzen. Abhängigkeiten von Importen können reduziert und über die gestiegene Gesamtmenge Energiepreise gesenkt werden. Ein sinkender Energiepreis gibt Politik und Unternehmen die Möglichkeit, neue Standorte aufzubauen und über den Multiplikatoreneffekt zusätzliches Wachstum zu erzeugen. Die verbundenen Risiken aufgrund unsicherer Entwicklungen im Bereich der Fracking-Technologie als auch wegen der Auswirkungen im Rahmen eines Nachhaltigkeitsgedankens verringern den Entscheidungsspielraum jedoch erheblich.

Die Handlungsempfehlungen aus der Sicht des Betriebswirtschaftlers Wildemann orientieren sich stark an einer holistischen Betrachtung und Analyse der Gesamtsituation. Vorschnelle Standortentscheidungen sollten aufgrund der derzeitigen politischen, gesetzlichen und auch technischen unsicheren Situation nicht getroffen werden. Vielmehr gilt es, die Argumente für und gegen einen Standortwechsel abzuwägen und anhand der laufenden Entwicklungen kontinuierlich zu evaluieren und anzupassen. Definitive Entscheidungen im Rahmen einer Standortanalyse können erst getroffen werden, wenn die Kurz- als auch Langzeitauswirkungen des Fracking genauer beleuchtet wurden.

Standortnachteile wie sie derzeit durch den Fracking-Effekt zwischen beispielsweise der USA und Europa bestehen, können höchstens zum Teil kompensiert werden. Natürlich sind die Unternehmen bestrebt, Energie zu sparen, wenn sie dadurch die Produktionskosten verringern können. Niedrige Energiekosten senken den wirtschaftlichen Druck, neue Techniken für die Einsparung von Energie zu entwickeln. Natürlich kann man dadurch Einsparungen erreichen, aber diese Entwicklungen verlangen auch Investitionen und sind meist nicht unerheblich. Somit wird der Standortnachteil nie ganz wett zu machen sein.

Nach heutigem Stand ist Fracking aber klar eine willkommene Zusatzressource. Abdalla Salem El-Badri, Generalsekretär der OPEC fasst die Meinung zusammen: „Unser aktueller World Oil Outlook erwartet eine Steigerung der Fördermenge für Schieferöl von 1 Mio. Barrel pro Tag i 2012 auf 2 Mio. Barrel pro Tag bis 2020 sowie auf 3 Mio. Barrel pro Tag bis 2035. Die Schieferressourcen außerhalb der USA befinden sich jedoch weiterhin in einem sehr frühen Stadium der Entwicklung und es scheint allgemeiner Konsens, dass es für andere Staaten schwierig sein wird, bezüglich der Schieferressourcen ähnliche Erfolge zu erzielen wie die USA. Zahlreiche andere Faktoren – wie Kosten, Verfügbarkeit von Wasser, Aufsicht und Bedenken bezüglich der Umweltauswirkungen – werden ebenso Einfluss auf die Zukunft dieser neuen Ressourcen haben. Es bleibt ein großes Fragezeichen, wie nachhaltig deren Wachstum sich langfristig gestalten wird, insbesondere wenn man auf die Abnahmeraten blickt. Die OPEC sieht in Schiefergas und Tight Oil keine Bedrohung. „Wir begrüßen Energiediversität und eine Erweiterung des Energiemixes. Schiefergas und Tight Oil sind dafür eine willkommene Ergänzung. Wir betrachten Schieferressourcen jedoch eher als ‚Evolution' und nicht als ‚Revolution'."

Literatur

http://www.worldenergyoutlook.org/goldenrules/

http://www.worldreview.info/de/content/exklusivinterview-opec-generalsekretaer-abdalla-salem-el-badri-begruesst-die-entwicklung-von

4 Die Pläne der Energieversorger

Wenn sich die Öffentlichkeit mit dem Thema Fracking beschäftigt, dann ist dabei sehr oft auch von der Rolle der Energiewirtschaft die Rede – und bei den Diskutanten aller Couleur wird dabei der Begriff „Energiewirtschaft" so gebraucht, als ob es hier eine gleichgerichtete Interessenlage und die dementsprechend klare Position gegenüber dem Erschließen unkonventioneller Gas- und Ölquellen mit dieser Technik gäbe.

Das ist falsch. **Die** Energiewirtschaft gibt es nicht. Und grundsätzlich gibt es weltweit sehr unterschiedliche Voraussetzungen für ein profitables Investment in diese Fördertechnik. Zudem sind dementsprechend die Akteure von Land zu Land, mindestens aber von globaler Region zu Region von sehr unterschiedlichen wirtschaftlichen Interessen geleitet. Überdies sind diese Akteure der Energiewirtschaft oftmals auch lokale oder regionale Monopolisten, die nicht allein marktwirtschaftlich getrieben sind.

Und zuletzt gilt in einer globalen Wirtschaft der allgemeine Grundsatz: Neue Technologien schaffen neuen Wettbewerb. Diese Konkurrenz aber wird immer Gewinner und Verlierer hervorrufen. Allein dies ist ein starker Beleg dafür, dass die Einstellungen und Interessen der globalen Akteure in der Energiewirtschaft sehr unterschiedlich sind, wenn es um den tatsächlichen oder potenziellen Boom des Fracking geht.

Was Sie in diesem Kapitel erfahren:

- Was der Fracking-Boom für die Energiewirtschaft generell bedeutet,
- welche Pläne große Energieversorger in alle Welt haben,
- wie die Situation in Deutschland aus Sicht der Energiewirtschaft ist und
- warum viele Unternehmen der Energiebranche nicht vom Fracking begeistert sind.

C. Habrich-Böcker et al., *Fracking – Die neue Produktionsgeografie*,
DOI 10.1007/978-3-658-05887-6_4, © Springer Fachmedien Wiesbaden 2015

4.1 Fracking und LNG revolutionieren den globalen Energiemarkt

> The potential emergence of shale oil presents major strategic opportunities and challenges for the oil and gas industry and for governments worldwide. It could also influence the dynamics of geopolitics as it increases energy independence for many countries and reduces the influence of OPEC.[1]

Was PWC in diesem Auszug aus einer Studie zum Shale-oil-Markt beschreibt, ist eine revolutionäre Entwicklung in der globalen Energiewirtschaft. Diese Industrie ist in den vergangenen Jahrzehnten in ihrem Gefüge eine der festgefügtesten gewesen. Auf der einen Seite stehen bei Gas und Öl Förderländer wie Norwegen, Russland, Saudi-Arabien oder Kuwait; sie kontrollieren einen großen Teil der Fördermengen – und an wen diese gehen. Oft geschieht dies überdies durch staatliche oder halbstaatliche Monopole. Kartellartige Absprachen sind dabei im krassen Gegensatz zu anderen global agierenden Industrien die Regel. Zudem sind hier auch stark politische Interessen bei Distribution und Preisgestaltung im Spiel. Die Ukraine-Krise hat dies besonders deutlich gemacht. Neue Player im Förderbereich können und werden hier deutliche Verschiebungen erzielen. Das hat natürlich auch starke Auswirkungen auf die wirtschaftliche Dynamik der Marktteilnehmer - auch solcher in Lauerstellung.

Auf der Abnehmerseite stehen dagegen bisher klassische Industrienationen wie die USA, Japan oder Deutschland – und energiehungrige Aufsteigernationen wie Brasilien oder China. Oft spielen aus diesen Regionen Rohstoffkonzerne im weltweiten Energiemarkt mit; oft gibt es dazwischen auch Mischformen.

Und es gibt eine entscheidende Veränderung im Verteilungskampf der Rohstoffvorräte: das Erschließen großer unkonventioneller Lagerstätten von Öl und Gas durch die Fracking-Technologie. In den USA sind dadurch die Gaspreise bereits auf rund ein Drittel des Niveaus in Deutschland gefallen. Dort werden wegen des niedrigen Preises sogar „‚eingemottete‘ Chemieanlagen wieder hochgefahren, weil sie sich wegen des niedrigen Gaspreises heute rechnen“, so BASF-Vorstand Harald Schwager.[2]

Von diesen Möglichkeiten der Reindustrialisierung ist Westeuropa noch abgeschnitten. Denn die Exportkapazitäten der USA sind noch zu gering, um Druck auch auf europäischen Preise auszuüben. „Daher profitieren vor allem die Länder,

[1] Price Waterhouse Coopers. 2013. shale oil: the next energy revolution. London, S. 3.

[2] O.V. FAZ vom 09.02.2013, S. 15.

in denen Schiefergas gefördert wird", so Schwager[3]. Einen echten Weltgasmarkt nämlich gibt es noch nicht. Dies ändert sich indes dramatisch – dazu gleich mehr.

4.1.1 Situation in den USA

Die Möglichkeiten, neue Schiefergasquellen zu erschließen, sind in den USA gewaltig (Abb. 4.1).

Und sie werden in den USA konsequent genutzt – bereits seit mehr als zehn Jahren mit großer Vehemenz. Das große Angebot hat seither die Preise erheblich einbrechen lassen: Seit 2008 ist der Gaspreis von 13 auf 4 US-Dollar je MMBTU gefallen. Und diese Entwicklung wird sich verstärken. Schiefergas macht bereits 25 Prozent der gesamten US-Gasförderung aus – voraussichtlich ab 2035 müssen die USA daher laut IEA überhaupt kein Gas mehr importieren. Inklusive tight gas, das auch durch Fracking gewonnen wird, wird unkonventionelles Gas aus Schiefer und Sandstein dann drei Viertel der gesamten Gasförderung in den Vereinigten Staaten abdecken.

Diese Entwicklung hat Folgen für den heimischen und internationalen Energiemarkt: Einige US-Förderer drosseln bereits die Produktion, um das Gasangebot künstlich zu verknappen – und damit den Preis zu stabilisieren. Zudem haben viele US-Haushalte ihre Heizung von Öl oder Kohle auf Gas umgestellt. Und dies veranlasst dortige Kohleproduzenten, andere Absatzmärkte zu suchen, vor allem in Europa. Aber auch das billige Fracking-Gas aus den USA wird bald bereits in Europa für Bewegung auf dem Energiemarkt sorgen. Neue Transporttechnologien und Infrastrukturen werden dazu mit Hochdruck vorangetrieben. Dazu gleich mehr.

4.1.2 Situation in China

Eine große Unbekannte im weltweiten Gefüge der Energiemärkte ist China. Die Konzerne dort greifen bei heimischer Rohstoffverwendung bisher hauptsächlich auf Kohle und Nuklearkraft zurück. Ansonsten sind bisher kaum Energiequellen vorhanden und die größte Exportnation der Welt braucht massive Rohstoffimporte – bei Gas im Wesentlichen aus Russland. Hier wird bald günstiges Öl und auch Gas aus anderen (und wie im Fall der USA: neuen) Exportnationen den Markt verändern. Zudem verfügen auch die chinesischen Produzenten potenziell über sehr große Schiefergasvorräte – die IEA-Prognosen versprechen gar die größten Vorräte der Welt[4] (Abb. 4.2).

---

[3] Ebd.

[4] Priddle. Rules, S. 11.

Figure 3.1 ▷ Major unconventional natural gas resources in North America

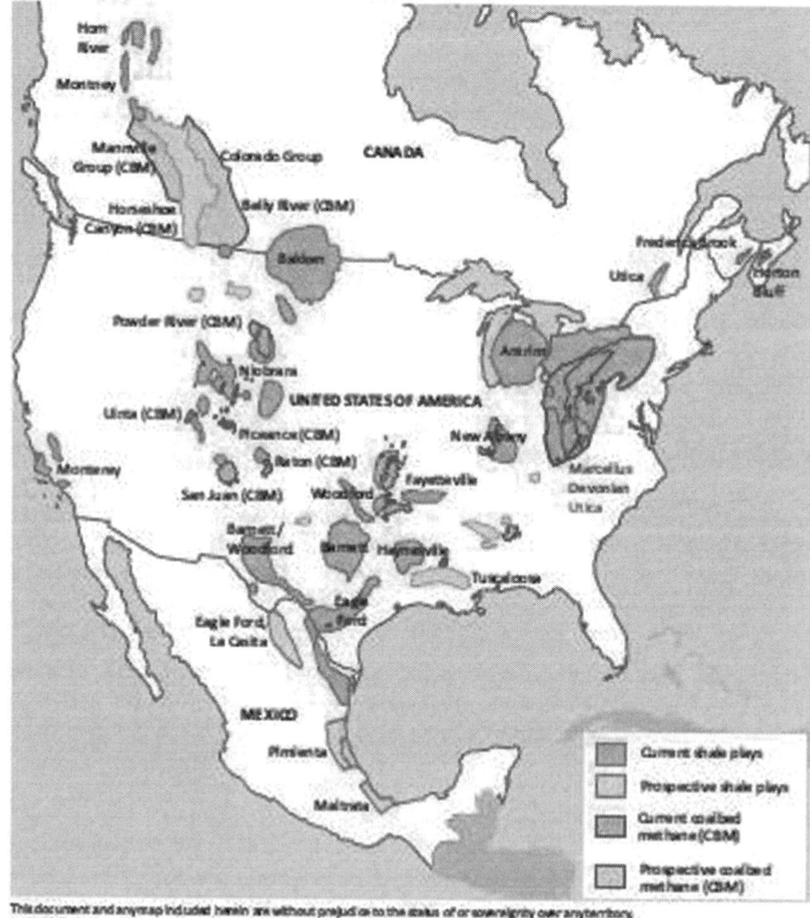

Abb. 4.1 Unkonventionelle Gasvorkommen in Nordamerika. (Quelle: Priddle, Robert, et.al. International Energy Agency 2012. Golden Rules for a Golden Age of Gas; World Energy Outlook Special Report on Unconventional Gas. Paris, S. 103)

Die chinesische politische Führung treibt die Unternehmen stark an, diese Vorräte zu erschließen: Die Regierung hat am 24.10.2012 beschlossen, das Fracking von Schiefergas auf 6.5 Mrd. m^3 jährlich bis 2015 auszubauen[5]. Vorbild dabei ist die Ent-

[5] Tu, Kevin Jianjun. Export Shale Revolution Rather Than Gas, in: Scientific American-Blog (http://blogs.scientificamerican.com/plugged-in/2013/02/25/guest-post-export-shale-revolution-rather-than-gas/), zugegriffen: 02.04.2013.

Figure 3.5 ▷ Major unconventional natural gas resources in China

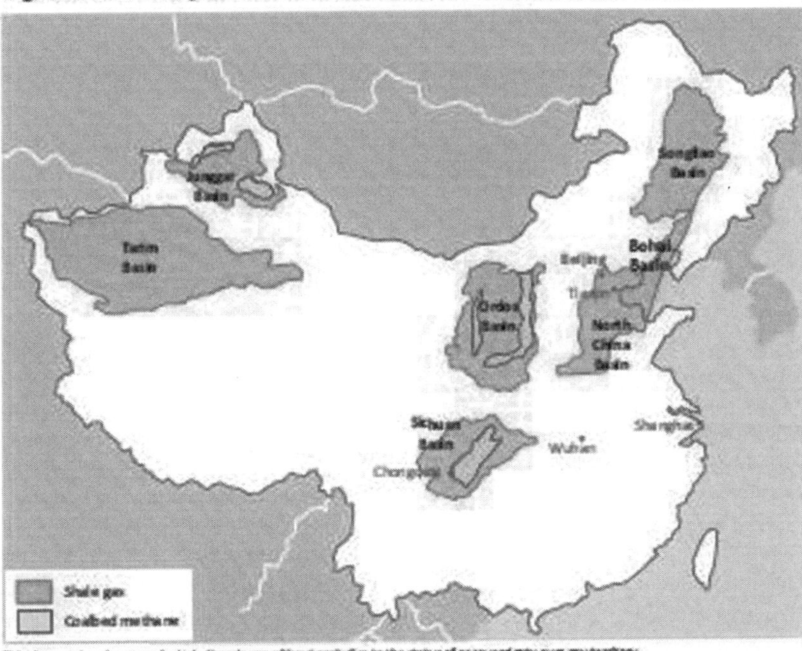

Abb. 4.2 Unkonventionelle Gasvorkommen in China. (Quelle: Priddle. Rules, S. 116)

wicklung in den USA. Damit will sich China auch unabhängiger von der heimischen stark schwefelhaltigen Kohle machen, die rund 70 Prozent des nationalen Konsums befriedigt. Neben den heimischen Konzernen werden hier auch international agierende Rohstoff-Förderer mit Konzessionen vom Fracking-Boom profitieren.

4.1.3 Situation in Europa

Die Ausgangslage in Europa ist deutlich anders als in den USA oder China. Denn hier sind die Bestrebungen in der Energiewirtschaft, aber auch großen Teilen von Politik und Gesellschaft deutlich weniger stark auf expansives Ausbeuten der Vorräte ausgerichtet (Abb. 4.3).

Einige Staaten in Europa besitzen beträchtliche Vorräte an unkonventionellem Gas – und Politik sowie oft staatsnahe Energiekonzerne sind bestrebt, dieses auch zu fördern. Dies hat neben wirtschaftlichen auch stark geopolitische Gründe, die

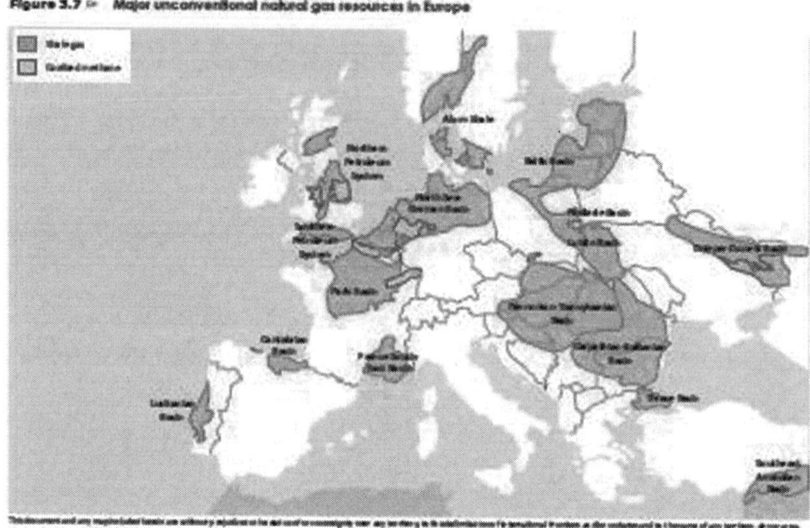

Abb. 4.3 Unkonventionelle Gasvorkommen in Europa. (Quelle: Priddle. Rules, S. 121)

bereits vorher erörtert wurden. Hier spielt die Beziehung zu Russland und dem Staatskonzern Gazprom eine entscheidende Rolle. Gerade durch die drastische Verschlechterung der politischen Beziehungen Russlands zu einigen Nachbarländern - und sogar kriegerischer Akte - ist ein erheblicher politischer Druck und eine starke öffentliche Debatte in Ländern Ostmitteleuropas entstanden: Die Erschließung von Fracking-Potenzialen könnte hier die Abhängigkeit von russischen Gas-Lieferungen erheblich verringern.

Dies hätte überdies auch mittelbar Auswirkungen auf die Lieferbeziehungen in Westeuropa, die ja ebenfalls im Gasbereich noch ganz überwiegend auf russische Quellen setzen. Gerade Staaten wie Polen, die Ukraine und Norwegen könnten hier ihre Stellung ausbauen oder gar neu definieren. Das US-Vorbild umreißt hier ein Szenario, das realistisch erscheint - den politischen und gesellschaftlichen Willen vorausgesetzt. Überdies ist aber auch der Gaspreis in Europa bis zu dreimal so hoch wie in den USA. Eigene Förderung könnte also wie in den USA den Rohstoff erheblich verbilligen.

Die größten Reserven in Europa haben laut IEA Polen, Frankreich, Norwegen, die Ukraine und Schweden[6]. Deutschland verfügt über vergleichsweise weniger be-

6 Priddle. Rules,, S. 120.

deutende geschätzte 1,3 Bio. m^3 Schiefergasressourcen. Was allerdings immer noch ein Vielfaches des Jahresbedarfs bedeutet. Dazu weiter unten mehr.

Schweden, Dänemark, Großbritannien, Polen und die Ukraine stehen der Förderung von politischer und teils auch gesellschaftlicher Seite vergleichsweise offener gegenüber. Dort werden zahlreiche Probebohrungen durchgeführt. Moratorien haben dagegen Frankreich, Österreich und Bulgarien verhängt.

In Polen wurde bereits ein staatsnahes Firmenkonsortium gebildet und mit ausreichend Eigenkapital ausgestattet, um die Förderung von Schiefergas zu beschleunigen. Mehrere Dutzend Förderkonzessionen wurden überdies vergeben, so dass 2015 das erste Gas strömen wird[7]. Das irische Unternehmen San Leon Energy hat bereits über mehrere Tage erfolgreich Erdgas aus einer Schieferformation gefördert[8].

Die Auflagen zur Förderung und die Bodenbeschaffenheit sind allerdings in jedem Falle so, dass Schiefergas aus Europa teurer sein wird als solches in den USA.

Aber selbst wenn die Energiewirtschaft in Europa nicht mit der gleichen Vehemenz in den Abbau unkonventioneller Lagerstätten für Gas und Öl einsteigen wird wie jene in den USA: Fracking wird wegen einer weiteren technologischen Entwicklung in jedem Fall globale Bedeutung für die Energieindustrie, ihre Zulieferer und Abnehmer bekommen.

4.1.4 LNG schafft den freien Erdgas-Markt

Zwei Determinanten hatten in der Geschichte der Energiewirtschaft seit ihren Anfängen fast uneingeschränkte Geltung: Die Lieferbeziehung zwischen Erzeuger und Abnehmer ist eine langfristig und mit erheblichem Aufwand von beiden Seiten direkt angelegte. Einen freien Welthandel mit Gas gibt es praktisch nicht. Denn dieser Rohstoff ist in seiner Masse ein flüchtiger. Lieferant und Abnehmer verbindet eine Pipeline.

Wenn dies so bliebe, dann würde der Fracking-Boom in den USA oder bald China andere Weltregionen höchstens mittelbar betreffen. Doch es bleibt nicht so. Denn neue Technologien erlauben es inzwischen, große Mengen an Erdgas zu verflüssigen – und dieses Liquefied National Gas (LNG) per Schiff von Terminal zu Terminal zu transportieren. Das hat zwei Effekte: Es entsteht ein Weltmarkt für Erdgas. Und die traditionelle Bindung des Erdgaspreises an das Erdöl wird auf diesem Markt aufgehoben.

---

[7] O.V. 2013. Wie Anleger vom Energieboom profitieren, in: http://www.fondsdiscount.de/magazin/beitrag/wie-anleger-vom-energieboom-profitieren-886/ zugegriffen: 02.04.2013.

[8] Reuter, Benjamin. 2014. Fracking: Unternehmen fördert in Polen erstmals erfolgreich Schiefergas, in: http://green.wiwo.de/fracking-unternehmen-foerdert-in-polen-erstmals-erfolgreich-schiefergas/

Der Anteil von LNG an der globalen Gasversorgung wird von heute zehn Prozent bis 2025 auf 14 Prozent steigen. Aus gegenwärtig 240 Mio. t Flüssiggas werden rund 450 Mio. t. Gerade bei sehr großen Distanzen kann die Verschiffung von LNG wirtschaftlicher sein als der Transport per Pipeline. Hauptabnehmerland ist die Insel Japan, es folgen Südkorea und Spanien[9].

Aber auch in Europa spielt LNG eine wachsende Rolle. Das Institut Trendresearch ist zu der Einschätzung gekommen, dass das Handelsvolumen von derzeit etwa 15 Mrd. € bis 2020 auf rund 25 Mrd. € steigen wird[10]. Sollten US-Firmen massiv bereits bestehende Gasterminals umrüsten, was ab 2017 in Schwung kommen wird, so wird dies auch die hohen Preise hier unter Druck bringen. Allerdings nicht auf das niedrige Niveau der USA, denn Verflüssigung und Transport verteuern den Rohstoff wieder. Sinkende Preise allerdings werden den Abbau von Schiefergas per Fracking in Europa wieder unwirtschaftlicher machen.

Europa profitiert aber bereits jetzt davon, dass die USA kaum noch Flüssiggas einführen. Denn die Vereinigten Staaten agieren dank des massiven Abbaus unkonventioneller Gasvorkommen bereits weitgehend autark. LNG aus Malaysia, Katar oder Indonesien wird daher bereits nach Europa umgelenkt, so Frank Chapman, Vorstandschef der britischen BG Group.[11]

In den Anbieterländern werden dazu Pipelines und Verflüssigungsanlagen benötigt, die massiv ausgebaut werden. Für den Transport sind spezielle Tanker erforderlich, die derzeit in großer Zahl gebaut werden. In den Abnehmerländern werden LNG-Lager errichtet – und Terminals, an denen die Flüssiggastanker ihre Ladung löschen. All dies sind mittelbare Folgen des Fracking-Booms, die weltweit Konzerne dazu zwingen, sich neu aufzustellen.

4.2 Pläne großer Energieversorger in aller Welt

> National and international oil producers will also need to review their business models and skills in light of the very different demands of producing shale oil onshore rather than developing complex ‚frontier' projects on which most operations and new investment is currently focused.[12]

Das Ausbauen der Fracking-Aktivitäten – verbunden mit den Möglichkeiten, Gas aus allen Quellen auch ohne Pipelines in großer Masse zu verteilen – hat also

---

[9] Rottwilm, Christoph. 2013. Milliardenpoker um globalen Flüssiggas-Boom, in: http://www.manager-magazin.de/unternehmen/artikel/0,2828,877573,00.html, zugegriffen: 02.04.2013.

[10] Ebd.

[11] Ebd.

[12] Price Waterhouse Coopers: shale oil: the next energy revolution, London 2013, S. 17.

enorme Auswirkungen auf die Aufstellung und Aktivität der großen Akteure in der Energiewirtschaft. Und dies sind beileibe nicht nur die Förderer. „Businesses that support national and international oil companies with services and equipment need to consider the implications for their strategy and operating model as their clients shift focus from offshore to onshore operations with very different implications for the services and capabilities required", resümiert PWC in seiner Analyse zum Shale-oil-Markt.[13]

Die bedeutendsten Profiteure des Booms kommen denn auch nicht allein aus dem Segment der Förderer. Hier sind auch die Hersteller von Bohrequipment, Chemikalien, LNG-Terminals oder der Reinigungsanlagen für das Frack-Wasser involviert. Ein Beispiel für ein solches Unternehmen ist etwa Halliburton. Der Marktführer beim Ausrüsten von Firmen mit der Technik, die sie zur Förderung von unkonventionellem Gas gebraucht wird, ist naturgemäß an einem weiteren Ausbau auch über die USA hinaus interessiert (Abb. 4.4).

Neben staatseigenen oder staatsnahen Konzernen sind die wichtigsten privatwirtschaftlichen Konzerne im Markt derzeit Exxon Mobil, Chevron und Conoco Phillips aus den USA, die britische BP, Total aus Frankreich, Italiens Eni, Spaniens Repsol sowie die niederländische Shell. Aus deutscher Sicht engagiert sich im Gasmarkt, wenn auch bisher auf einem niedrigeren Level, der Chemiekonzern BASF mit größerer Vehemenz. Seit der Übernahme von Wintershall 1969 ist der Weltmarktführer seines Kerngeschäfts auch im Gasbereich engagiert, allerdings bisher eher auf dem im Weltmaßstab eher unbedeutendem Markt der inländischen Produktion, des Imports und der Verteilung von Erdgas. Seit 2011 wird das Wachstum im margenstarken Upstream-Geschäft aber stark vorangetrieben. Größter Ergebnistreiber ist dort bereits die Öl- und Gassparte. Zu BASF weiter unten mehr.

4.2.1 Auswirkung auf das US-Marktgefüge

Wie sich der Markt durch die Förderung unkonventionellen Gases verändert, zeigt exemplarisch die Entwicklung in den USA. Seit 2008 fiel dort der Gaspreis je Maßeinheit MMBTU von 13 auf 2,50 US-Dollar. Daher lohnt sich die Produktion für viele Firmen bereits nicht mehr. Dies führt zu einer massiven Marktkonsolidierung zugunsten größerer Anbieter. Chesapeake etwa ist bereits durch den weltweit größten Bergbaukonzern BHP übernommen worden, der damit nun den Schiefergasförderer mit den meisten Bohrrechten in den USA besitzt. Wie einige Konkurrenten haben die neuen Eigentümer bereits die Produktion gedrosselt, um das Gasangebot künstlich zu verknappen und den Preis zu stützen. Nur so rentiert sich im Gegenzug wieder neue Fracking-Förderung.

[13] Price Waterhouse Coopers: shale oil: the next energy revolution, London 2013, S. 17.

Profiteure des neuen Gas- und Ölbooms

Name	Branche	ISIN	Gew. je Aktie 2013	Gew. je Aktie 2013	KGV* 2013	Bermerkungen
ExxonMobil	Öl/Gas	US30231G1022	6,06	6,21	10,9	weltgrößter Ölkonzem, Expansion bei Schiefer
Dow Chemical	Chemie	US2605431038	1,8	2,31	10,4	einer der größten Chemiekonzeme der USA
Halliburton	Ölservice	US4062161017	2,31	3,05	8,4	größter Anbieter von Fracking-Service in Nordam.
PGNiG	Öl/Gas	PLPGNIG00014	0,116	0,14	8,8	große Landpositionen in Polen mit Gaspotenzial
Veolia Environnement	Unwelt	FR0000124141	0,64	0,83	10,9	u. a. Reinigung bzw. Entsorg. von Fracking-Wasser
Helmerich & Payne	Ölservice	US4234521015	3,7	3,99	10,3	Bohranlagen für horizontales Bohren
Cheniere Energy	Anlagenbau	US16411R2085	Verl.	Verl.	-	Bau von Gasverflüssigungsterminals (LNG)
SM Energy	Öl/Gas	US78454L1008	1,35	2,63	14	spezialisiert auf Schieferprojekte in den USA
Approach Resources	Öl/Gas	US03834A1034	0,46	0,9	20,7	Projekte in Texas; Öl- und Gasproduktion
U.S. Silica Holdings	Zulieferer	US90346E1038	1,29	1,76	6,9	zweitgrößter Hersteller von Fracking-Sand in USA

Quellen: Bloomberg, Citigroup, Unternehmen

**Kurs-Gewinn-Verhältnis*

Abb. 4.4 Ein Überblick über bedeutende Akteure im Markt. (Quelle: Heinritzi Johannes. 2013. Fracking: Das steckt hinter dem Schiefergas-Hype. In Focus-Money 01/2013. München, S. 35)

Denn diese sind nötig, weil offenbar in einigen Fördergebieten Bohrungen nur im ersten Jahr höchst ergiebig sind, danach aber der Ertrag einbricht. Chesapeake Energy muss sich daher sogar bereits neben drei anderen auf diese Form der Gasförderung spezialisierten Firmen – Cabot Oil and Gas, Range Resources und Goodrich Petroleum einer staatsanwaltlichen Untersuchung stellen. Es geht dabei um die Frage, ob die Unternehmen ihre Investoren korrekt über die zu erwartende Produktivität der Fracking-Anlagen informiert haben. Hier sind zum Zeitpunkt der Abfassung noch Verfahren anhängig. Grundsätzlich ist aber die Bewertungsfrage auch mangels Langzeiterfahrungen noch offen - und stellt damit ein erhebliches

Kapitalrisiko für die Investoren dar. Allein der Pensionsfonds des Staates New York etwa hat mehr als 45 Mio. $ in solche Förderer investiert.

Viel Geld für den Pensionsfonds, doch der Kapitalbedarf für das Fracking ist noch wesentlich höher. Das Unternehmen Petrohawk etwa ist im Juli 2012 ebenfalls von BHP übernommen worden – und brachte Verbindlichkeiten in Höhe von drei Milliarden Dollar mit.

Für BHP haben Investitionen wie Chesapeake und Petrohawk dennoch Sinn, um die Kontrolle auch in diesem wachsenden Segment des Marktes zu erhalten – und damit auch den Förderfluss so zu regulieren, dass der Preis nicht zu sehr leidet. Das betrifft wie oben geschildert auch den Preis anderer Energieträger.

Darum ist es auch nicht verwunderlich, dass Exxon Mobil ebenfalls in den Markt für unkonventionell gefördertes Erdgas massiv investiert. 2010 hat das Unternehmen dazu für 41 Mrd. $ den texanischen Konzern XTO Energy erworben und ist seither der größte Förderer von US-Erdgas. Die Strategie: „Wir investieren in die Weiterentwicklung unseres Portfolios, damit wir die Energie liefern können, die zukünftig gefragt ist."[14]

Im Ölbereich geben noch kleinere Ölförderer beim Fracking die Linie vor, doch Exxon und Chevron steigen sukzessive in dieses Segment ein. Experten wie Daniel Würmli, Fondsmanager des Swisscanto Selection Energy, erwarten auch hier, dass „große Produzenten die kleinen übernehmen"[15].

4.2.2 Aktivitäten in Europa

BHP ist neben Exxon Mobil auch der global agierende Konzern, der in Europa besonders engagiert im Ausbau des Fracking ist. In Polen, dem Land mit dem größten absehbaren Potenzial, wurde und werden bereits Probebohrungen durchgeführt – und die meisten Lizenzen dazu hat die polnische Regierung an US-Firmen wie Chesapeake, Chevron oder Conoco-Phillips vergeben[16]. Dabei erhoffen sich die Ost-Mitteleuropäer einen massiven Technologietransfer für ihre eigenen Energiefirmen wie PGNiG, PKN Orlen, Petrolinvest und Lotos. Exxon und Chevron haben sich indes nach Probebohrungen vorerst aus diesem Land zurückgezogen. Über erfolgreiche Förderungen durch San Leon Energy haben wir weiter oben bereits berichtet.

PGNiG ist als Partner für die großen US-Firmen unersetzlich, da das Unternehmen, an dem der polnische Staat 70 Prozent der Anteile hält, die meisten tatsächlichen Bohrlizenzen erhalten hat. Hier spielt auch das geopolitische Ziel der

[14] Mattauch, Christine. US-Gasbranche droht bitterer Fracking-Kater, http://www.manager-magazin.de/unternehmen/energie/0,2828,784802,00.html, zugegriffen: 02.04.2013.

[15] O.V. Anleger.

[16] Ebd.

polnischen Regierung eine große Rolle, sich von Energielieferungen aus Russland unabhängiger zu machen. Es ist aber gewiss, dass die Entwicklung in Polen, insbesondere die der tatsächlichen Erträge aus dem Fracking, das Signal für den Ausbau im übrigen Europa sein werden – oder auch nicht.

Zuletzt ist ein limitierender Faktor für den wirtschaftlich ertragreichen Abbau von Fracking-Gas in Polen auch die Tatsache, dass Polen nur die Hälfte der einzigen Gaspipeline (Jamal) von Polen nach Westeuropa nutzen darf – die anderen 50 Prozent gehören Gazprom. Dieser Umstand wird aber wegen der latent oder akut erheblichen politischen Spannungen zwischen Russland und seinen westlichen Nachbarn auch wieder eine Schubkraft für das Fracking bedeuten.

Der russische Konzern steht allerdings der Schiefergas-Förderung bisher eher bremsend gegenüber. Zumal sich inzwischen auch die geoökonomische Ausrichtung der Geschäfte deutlich verschiebt: Im Mai 2014 vereinbarte der Konzern ein 30 Jahre-Lieferabkommen über natürlich gefördertes Gas mit der chinesischen Regierung, dass rund 400 Milliarden US-Dollar Volumen umfasst - und sowohl die Lieferströme als auch die Bedeutung bisheriger Handelspartner deutlich verändert. Dies wird auch für deren Einstellung gegenüber Fracking erhebliche Bedeutung haben[17].

4.2.3 Aktivitäten in China und Russland

Wegen der vielfältigen zu erwartenden Hindernisse, Einschränkungen oder gar Moratorien in Europa beginnen global agierende Konzerne darum auch bereits, andere große Lagerstätten zu erschließen. Royal Dutch Shell etwa hat bereits Schiefergasabbau-Vereinbarungen mit drei großen chinesischen Konzernen geschlossen[18]; mit einem weiteren planen die Niederländer ein Joint Venture, dass in China Voraussetzung zum eigenständigen Markteinstieg ist. Auch Exxon Mobil, BP, Chevron, und Total stehen vor dem Abschluss ähnlicher Gemeinschaftsunternehmen mit chinesischen Partnern[19]. Hier ist allerdings kein transparenter Einblick in den Markt möglich, da diese Zusammenarbeit ohne Beteiligung der Öffentlichkeit angebahnt wird. Es darf aber angenommen werden, dass der Abbau von Schiefergas

---

[17] Mock, Vanessa, Spegele, Brian, Ma, Wayne, 21.05.2014: China and Russia Sign Natural Gas Deal, in http://online.wsj.com/news/articles/SB10001424052702303749904579575582782386384?mg=reno64-wsj&url=http%3A%2F%2Fonline.wsj.com%2Farticle%2FSB10001424052702303749904579575582782386384.html, New York

[18] Tu, Kevin Jianjun. Export Shale Revolution Rather Than Gas, in: Scientific American-Blog (http://blogs.scientificamerican.com/plugged-in/2013/02/25/guest-post-export-shale-revolution-rather-than-gas/), zugegriffen: 02.04.2013.

[19] Lee, Jaeah, China planning „huge fracking industry", in: http://www.guardian.co.uk/environment/2012/nov/27/china-planning-huge-fracking-industry, zugegriffen: 02.04.2013.

im hohen nationalen Interesse Chinas liegt und daher mindestens ähnlich rapide vorangetrieben wird wie der in den USA.

Dies ist in den großen Förderländern mit großen konventionellen Lagerstätten natürlich völlig anders. Dort drohen eher existenziell bedrohliche Ertragseinbrüche mit dem Ausbau der Shale-oil- oder -gas-Förderung. Entsprechend zögerlich sind die Aktivitäten. In Russland aber arbeiten zumindest alle großen dortigen Energieunternehmen am Erschließen unkonventioneller Lagerstätten – auch, weil der Staat wegen des drohenden technologischen Rückstands bei der dafür notwendigen Fördertechnologie inzwischen verschiedene Programme und Projekte zur Förderung des Fracking aufgelegt hat. Der Energiekonzern BP rechnet etwa mit einem Anstieg des Schieferölanteils an der russischen Erdölförderung bis 2030 von mehr als zehn Prozent[20]. Dazu ist aber massiver Know-how-Transfer aus dem Westen nötig.

Das inzwischen rein russische Erdölunternehmen TNK-BP Ltd., das zum Rosneft-Konzern gehört, arbeite etwa eng mit Schlumberger zusammen, dem globalen Marktführer für Erdölexplorations- und Ölfeldservice. Sieben Pilotprojekte hat das Konsortium bereits für seine Fracking-Vorhaben, einige davon befinden sich bereits in der Umsetzung. TNK-BP will allein 2013 rund 100 Mio. US-Dollar in die Erschließung unkonventioneller Lagerstätten investieren. In den Jahren bis 2015 könnten so etwa vier Millionen Tonnen unkonventionellen Erdöls gefördert werden.

Der Erfolg könnte eine Initialzündung sein. Denn der Mutterkonzern Rosneft verfügt insgesamt über 27 derartige Lagerstätten, vor allem in Westsibirien. Dort könnten mit Fracking Reserven von 1,8 Mrd. t Öl-Äquivalent gefördert werden. 23 dieser Felder will Rosneft zusammen mit Exxon Mobil erschließen, vier mit der norwegischen Statoil.

Auch Gazprom ist über sein Joint-Venture Salym Petroleum Development mit Shell in das Erschließen der unkonventionellen Erdöl-Lagerstätte Werchnje-Salymskoje eingestiegen. Die Tochter Gazprom-Neft hat bei einer Gas-Lagerstätte bei Krasnoleninskoje Erkundungsbohrungen durchgeführt.

4.2.4 „Goldenes Gaszeitalter" dank LNG

Den Fracking-Boom global antreiben könnte wie erwähnt die Technik der Gas-Verflüssigung LNG. Frank Chapman, Chef der britischen BG Group sagt durch

[20] Starinskaja, Galina. Schieferöl: Angriff auf russisches Erdöl, in: http://russland-heute.de/wirtschaft/2013/03/01/schieferoel_angriff_auf_russisches_erdoel_22205.html, zugegriffen: 02.04.2013.

diese Kombination bereits ein „goldenes Gaszeitalter" voraus[21]. Die Investitionen in LNG sind gewaltig – und auch hier sind Akteure aus dem Fracking-Markt hoch aktiv. Exxon Mobil investiert beispielsweise einen zweistelligen Milliardenbetrag in einen Anlagenkomplex PNG-LNG in Papua-Neuguinea, von dem aus ab 2014 jährlich 6,6 Mio. t verflüssigtes Erdgas nach China, Japan und Ostasien geliefert werden sollen. Eni und das US-Unternehmen Anadarko wollen im ostafrikanischen Mosambik für bis zu 50 Mrd. $ eine LNG-Anlage bauen. Und unter der Federführung von Chevron entsteht im Norden Australiens eine Großanlage, aus der ab 2014 rund acht Prozent der weltweiten Flüssiggasmenge laufen sollen[22].

Hier investiert auch der deutsche Gas-Spezialist Linde massiv – und baut weltweit Anlagen zur Verflüssigung sowie zur Wiederverdampfung des Erdgases auf. In Malaysia, China und Schweden sind gerade mehrere Großanlagen im Bau. Andere in Nordeuropa sind bereits in Betrieb.

4.2.5 Deutsche Unternehmen

Deutsche Erdöl-und Erdgasfirmen sind zwar global gesehen nicht bedeutend, aber durchaus weltweit unterwegs (Abb. 4.5):

Neben Linde ist indes nur BASF massiv in die Förderung von Schiefergas verstrickt. Europa und Südamerika seien dabei für den Chemiekonzern besonders interessant, so BASF-Vorstand Harald Schwager – und potenziell auch eine Förderung in Deutschland: „Wir würden gerne in die Forschung einsteigen, um überhaupt herauszufinden, ob es möglich ist, hier wirtschaftlich, sozial akzeptiert und umweltverträglich Schiefergas zu fördern."[23] Profitieren werden die Ludwigshafener aber eher durch sinkende Energiepreise – besonders in den Werken in den USA oder China. Denn in Deutschland selbst stehen die meisten Unternehmen dem Fracking zwar positiv, aber nicht euphorisch, gegenüber.

Denn „the industry needs to commit to apply the highest practicable environmental and social standards at all stages of the development process. Although there is a range of other factors that will affect the development of unconventional gas resources, varying between different countries, our judgement is that there is a critical link between the way that governments and industry respond to these social and environmental challenges and the prospects for unconventional gas production."[24]

---

[21] Rottwilm, Christoph. 2013. Milliardenpoker um globalen Flüssiggas-Boom, in: http://www.manager-magazin.de/unternehmen/artikel/0,2828,877573,00.html, zugegriffen: 02.04.2013.

[22] Ebd.

[23] O.V. FAZ vom 09.02.2013, S. 15.

[24] Priddle. Rules, Seite 11.

Weltweite Aktivitäten der deutschen E&P-Industrie (Stand: 31.12.2011)

E – Exploration/Erschließung
P – Produktion
S – Service

	Bayerngas	EWE	Suncor	RWE Dea	Wintershall	VNG	GEO-data	Itag	DEEP/KBB	KCA DEUTAG
Europa (ohne GUS)										
Albanien							S			S
Dänemark	EP	E		EP	E	E	S		S	
Frankreich							S	S		
Griechenland							S			
Großbritannien	EP	E		EP	EP		S		S	S
Irland				E						
Niederlande		EP		E	EP		S		S	S
Norwegen	EP			EP	EP	EP			S	S
Österreich							S	S		
Polen				E			S		S	
Portugal							S		S	S
Rumänien							S			
Schweiz							S			
Ungarn							S			
Amerika										
Argentinien					EP					
Chile					E					
Mexico										S
Trinidad und Tobago				E						
Afrika										
Ägypten				EP						
Algerien				E						S
Angola										S
Gabun										S
Libyen			EP	E	EP		S			S
Mauretanien				E	E					
Nigeria										S
Tunesien							S			
GUS										
Aserbaidschan										S
Kasachstan							S			S
Russland					EP		S			S
Turkmenistan				E						
Ukraine							S			
Näher/Mittlerer Osten										
Irak										S
Iran							S			
Kurdistan										S
Oman										S
Qatar					E					
Türkei									S	
Vereinigte Arabische Emirate									S	
Ferner Osten										
Brunei										S
Indonesien									S	
Malaysia										S
Pakistan										S
Singapur										S
Thailand									S	

Abb. 4.5 Weltweite Aktivitäten der deutsche E&P-Industrie. (Quelle: WEG Wirtschaftsverband Erdöl- und Erdgasgewinnung e. V. 2012. Jahresbericht Zahlen und Fakten, Hannover, S. 38)

Diese Goldenen Regeln der Internationalen Energieagentur sind von besonderer Bedeutung im dichtbesiedelten und ökologisch besonders sensiblen Deutschland. Sie sind hierzulande Dreh- und Angelpunkt in der Frage, wie – und ob überhaupt – ein „Goldenes Zeitalter" für Gas auch für die hiesige Energiewirtschaft im eigenen Land anbricht.

4.3 Erdgas in Deutschland – die Sicht der Energiewirtschaft

4.3.1 Bedeutung der deutschen Erdgasressourcen

Die Explorations- und Produktionsindustrie (E&P) von Erdgas und Erdöl in Deutschland ist der durch das Fracking hierzulande direkt betroffene Wirtschaftszweig. Es ist eine vergleichsweise kleine Industrie. Nach eigenen Angaben beschäftigen ihre Mitglieder, von denen die wichtigsten in der obigen Tabelle genannt sind, nur rund 20.000 zum Teil hochqualifizierte Mitarbeiter, oft in strukturschwachen Regionen der Republik. Mehrere Unternehmen haben begonnen, mit hohem finanziellem Aufwand die technische und wirtschaftliche Nutzbarkeit der nicht-konventionellen Lagerstätten in Schiefergesteinen und Kohlenflözen zu untersuchen. Allerdings betonen auch diese unmittelbar im Fracking tätigen Unternehmen, dass „erst nach Beendigung dieser Explorationsaktivitäten eine Aussage getroffen werden [kann], welchen Beitrag die Lagerstätten in Schiefergesteinen und Kohleflözen in Deutschland zukünftig zur Erdgasversorgung leisten könnten."[25] Klar ist den unmittelbar betroffenen Unternehmen allerdings, dass ohne das Erschließen unkonventioneller Lagerstätten auch die Existenz dieser Form der Rohstoffgewinnung in Deutschland ihrem Ende entgegen geht.

Denn bereits seit mehr als zehn Jahren ist die Erdgasproduktion in Deutschland rückläufig. „Dies ist eine Folge des natürlichen Produktionsverlaufs der zum großen Teil schon älteren Felder in Deutschland."[26] Die bisherige technologische Entwicklung konnte in den vergangenen Jahrzehnten zwar neue Reserven erschließen. Überdies konnten produktionssteigernde Maßnahmen den Produktionsrückgang abmildern, aber eben nicht aufhalten, wie die folgende Grafik belegt (Abb. 4.6).

Derzeit ist die heimische Erdgasproduktion nur noch in der Lage, den Verbrauch Deutschlands an Erdgas zu 14 Prozent (2010) zu decken. „Nur mit der Erschließung neuer Lagerstätten kann der weitere Rückgang der heimischen Produk-

[25] Wirtschaftsverband Erdöl- und Erdgasgewinnung e. V. 2010. Reserven und Ressourcen. Potenziale für die zukünftige Erdgas- und Erdölversorung. Hannover, S. 4.

[26] WEG. Jahresbericht, S. 16.

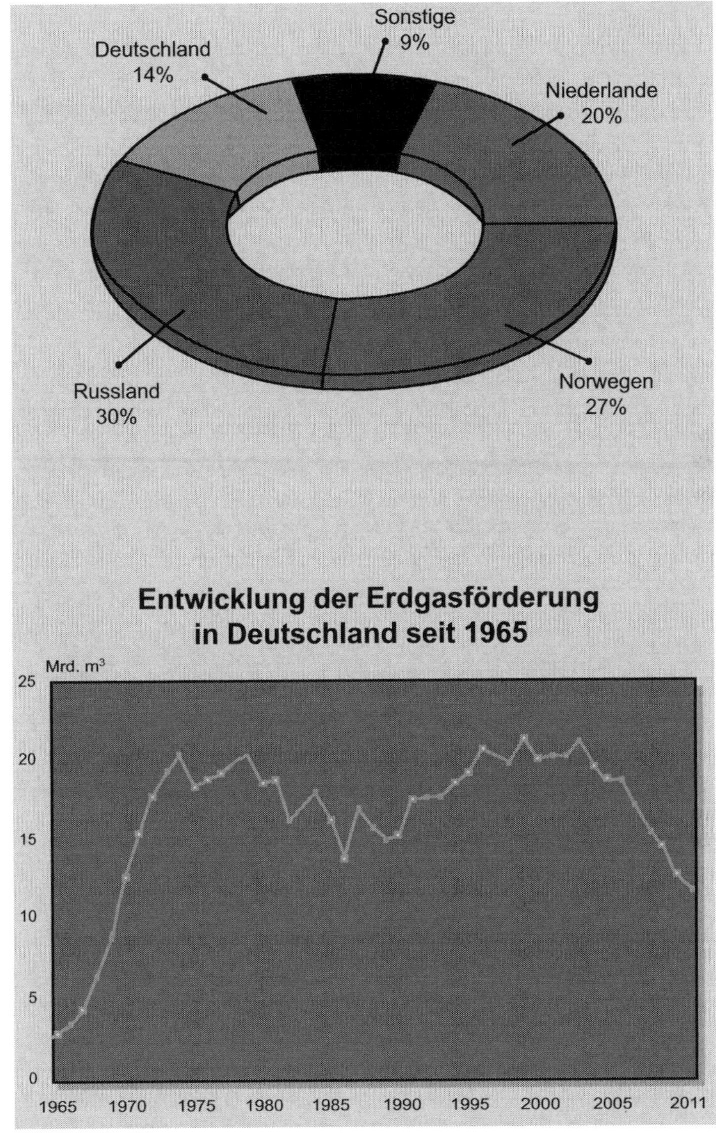

Abb. 4.6 Beiträge zu Erdgasversorgung Deutschlands. (Quelle: WEG. Jahresbericht, S. 16)

tion abgefedert werden. Das größte Potenzial hierfür weisen die nicht-konventionellen Lagerstätten in Schiefergesteinen und Kohlenflözen auf", so der Verband.[27]

Die Bundesanstalt für Geowissenschaften hat in ihrer neuesten Studie das Gesamtpotenzial auf 1 798 Bio. m^3 Erdgas und 561 Mrd. t Erdöl geschätzt – rechnerisch eine Reichweite auf Grundlage der Jahresproduktion 2006 von 143 Jahren bei Erdöl und 487 Jahren bei Erdgas[28]. Etwa 1,3 Bio. m^3 technisch förderbares Schiefergas vermutet die Bundesanstalt – mehr als die 13-fache Menge des deutschen Jahres-Gasverbrauchs. Der Wirtschaftsverband der Branche umschreibt das Potenzial hier unter Berufung auf die gleiche staatliche Quelle noch detaillierter so: „Die Erdgasmengen in diesen Gesteinsformationen beziffert die Bundesanstalt für Geowissenschaften und Rohstoffe (BGR) allein für die Vorkommen in konventionellen Lagerstätten, wozu auch die Lagerstätten im dichten Sandstein (Tight Gas-Lagerstätten) zählen, auf ca. 150 Milliarden Kubikmeter. Hinzu kommen die nutzbaren Vorkommen in Kohleflöz- und Schiefer-Formationen, die heute dank hochentwickelter Technologien erschlossen werden können." In Kohleflözen würden demnach 450 Milliarden Kubikmeter Erdgas als technisch förderbar gelten; im Schiefergestein werden bis zu 2,3 Billionen Kubikmeter gewinnbares Erdgas erwartet.[29] Dennoch kommt in der Industrie eher keine Fracking-Euphorie wie in den USA auf.

4.3.2 Die Industrie und ihre Fracking-Aktivitäten

Dabei verfügt die deutsche Industrie über große und langjährige Erfahrung in dieser Explorationstechnik: Seit Mitte der siebziger Jahre wurden in Deutschland bereits mehr als 200 Fracs durchgeführt (Abb. 4.7).

In vielen Lagerstätten wurde hierdurch erst eine wirtschaftliche Förderung möglich. „Bei allen Fracs, die in Deutschland durchgeführt worden sind, ist in keinem einzigen Fall eine Umweltbeeinträchtigung bekannt geworden", betont der Verband[30].

Etwa ein Drittel des Erdgases, das in Deutschland gefördert wird, geht heute „zurück auf das Frack-Verfahren, das in Niedersachsen seit 50 Jahren sicher an-

[27] Wirtschaftsverband Erdöl- und Erdgasgewinnung e. V. 2011. Chancen nutzen – Umwelt schützen; Thesenpapier zur Erschließung von Erdgaslagerstätten in Schiefergesteinen und Kohleflözen in Deutschland. Hannover.

[28] Wirtschaftsverband. Chancen, S. 4.

[29] Quelle: Wirtschaftsverband Erdöl- und Erdgasgewinnung e.V. 2014. Hydraulic Fracturing – Prozess und Perspektiven in Deutschland. Hannover, S.15

[30] Wirtschaftsverband. Erschließung, S. 8.

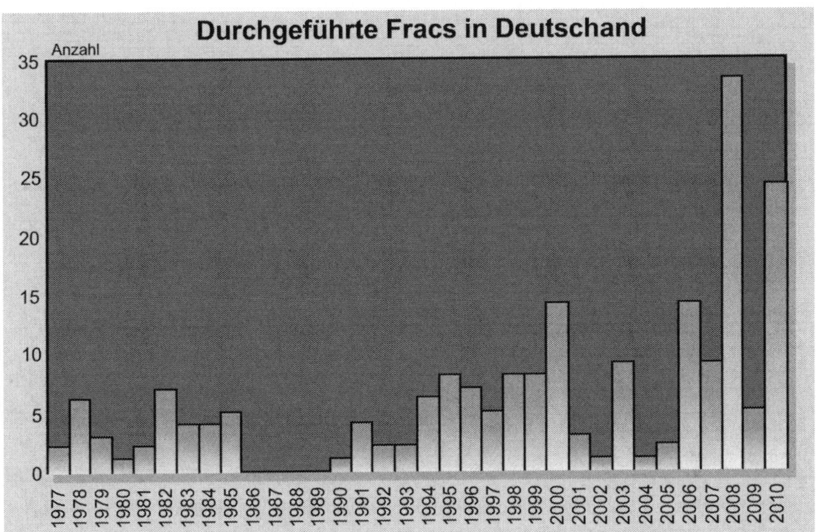

Abb. 4.7 Durchgeführte Fracs in Deutschland. (Quelle: Wirtschaftsverband Erdöl- und Erdgasgewinnung e. V. 2010. Sichere und umweltschonende Erschließung von Erdgaslagerstätten in Deutschland. Hannover, S. 7)

gewandt wird", so Gernot Kalkoffen, Europachef des Ölkonzerns Exxon-Mobil[31]. Dort dient es aber im Wesentlichen der Produktionssteigerung bei der Förderung aus konventionellen Vorkommen. Eine Produktion von unkonventionellem Gas aus Schiefergestein und Kohleflözen gibt es in ganz Deutschland noch nicht.

Johannes Teyssen etwa, Vorstandsvorsitzender des größten deutschen Energieunternehmens Eon, sieht auf absehbare Zeit wenig Chancen für diese Form der Gasförderung in Deutschland. „Für größere Feldversuche sehe ich derzeit noch keine Bereitschaft."[32] Nur wenn der Nachweis gelinge, dass die eingesetzten Chemikalien beherrschbar seien, könne Fracking auch hierzulande eine Perspektive haben. Ein „langer Atem"[33] sei hierfür nötig.

[31] Louven, Sandra; Palm, Regine. „Die Angst vor Chemie ist nachvollziehbar", in: http://www.handelsblatt.com/unternehmen/industrie/exxon-mobil-manager-kalkoffen-die-angst-vor-chemie-ist-nachvollziehbar/6119114.html, zugegriffen: 02.04.2013.

[32] O.V. Eon-Chef sieht für Fracking vorerst wenig Chancen, in: http://www.weser-kurier.de/news/wirtschaft3_artikel,-Eon-Chef-sieht-fuer-Fracking-vorerst-wenig-Chancen-_arid,513933.html, zugegriffen: 02.04.2013.

[33] Ebd.

4.3.3 Fracking für Deutschland – Fracking in Deutschland?

Ob – bis auf ein Unternehmen – die deutschen Energieerzeuger diesen langen Atem haben, ist angesichts vieler ähnlich skeptischer Äußerungen aus ihren Reihen fraglich. Zum einen ist das Momentum des Preisverfalls bei gleichzeitig vergleichsweise hohen Explorationskosten gegenüber den energetischen Alternativen kein großer Anreiz für den massiven Einstieg in die Fracking-Technologie. Zum zweiten ist der Rückhalt aus Politik oder gar Gesellschaft weit geringer als in den USA oder China. Und zum dritten lassen sich für Deutschlands Energieerzeuger außerhalb des eigenen Landes mit geringerem Aufwand und Widerständen bereits bedeutende Geschäfte generieren: So kommen rund 20 Mrd. m^3 Erdgas jährlich aus inländischen Quellen gefördert. Dies entspricht rund einem Fünftel des deutschen Erdgasbedarfs. Die jährliche Erdölförderung in Deutschland beträgt knapp vier Millionen Tonnen. Darüber hinaus fördern die deutschen Produzenten aber bereits im Ausland zehn Milliarden Kubikmeter Erdgas sowie sogar zehn Millionen Tonnen Erdöl. Die Orientierung hat sich also in den vergangenen Jahren nicht auf die heimische Förderung – und schon gar nicht auf die in schwierigen Verhältnissen – konzentriert. Dass sich dies dramatisch ändern wird, ist aus den aktuellen Aktivitäten und Einschätzungen nicht zu ersehen.

Es sei denn, der wesentliche Antreiber des Fracking in Deutschland erlangt einen Durchbruch, der auch bei anderen zum Umdenken führen würde: Exxon Mobil ist in Hamburgs Südosten in die Erkundung eingestiegen, auch in weiten Teilen Niedersachsens und Nordrhein-Westfalens sucht das US-Unternehmen mit Genehmigung des zuständigen Bergamtes nach Schiefergas; die Konkurrenz von BNK Petroleum, der BASF-Tochter Wintershall und BG International hat sich zumindest Erkundungsgebiete gesichert. Ohne Schiefergas-Fracking sei die gesamte Energiewende nicht zu meistern, sagt Exxon-Manager Gernot Kalkoffen sogar[34]. Nachhaltige Zustimmung für diese These hat er bisher öffentlich nicht erhalten.

In Deutschland sind es also nicht nur die volkswirtschaftlichen Akteure mit staatlichem oder Konsumenten-Hintergrund, unter denen es starke Vorbehalte gegenüber dem Thema Fracking gibt. Auch die Unternehmen der Energiewirtschaft sind hier nicht einhellig euphorisch, einige sogar skeptisch, was die wirtschaftliche Bedeutung in Deutschland anbelangt.

Solche Vorbehalte gibt es auch global gesehen bei einer Reihe sehr großer Akteure der Energiewirtschaft – allerdings zuweilen auch aus anderen Erwägungen als jenen, die in Deutschland überragende Bedeutung haben.

[34] Sorge, Nils-Viktor. Die Fracking-Illusion, in: http://www.manager-magazin.de/unternehmen/energie/0,2828,880391-4,00.html, zugegriffen: 02.04.2013.

4.4 Fracking als wirtschaftliche Bedrohung

> Oil companies (...) need to review their business models and skills in the light of shale oil's industrialised production process which makes very different demands of operators than today's remote and challenging locations.[35]

Die Betrachtungen von PwC zum Ölmarkt und dessen Veränderung durch in Frackingtechnik erschlossene neue Kapazitäten sind im Wesentlichen auch für den Erdgasmarkt und dessen Akteure ähnlich. Und damit bedrohen sie durchaus klassische Produzenten. Analysten von PwC und Capital Economics rechnen mit einem drastischen Einbruch des Erdölpreises. „Wir gehen davon aus, dass die Welt 2020 angesichts eines wachsenden Angebots und nachlassender Nachfrage ein Überangebot von Öl erleben wird", so Analyst Julian Jessop von Capital Economics[36]. Der Zukunftsbericht Energy Outlook 2030, der vom britischen Energiekonzern BP im Januar 2013 veröffentlicht wurde, sieht insbesondere Russland in der Verliererrolle.

Denn im Gasmarkt sind Preise und Lieferverträge im Hauptabsatzmarkt Europa bisher an den Ölpreis gekoppelt. Werte wie die russische Gazprom werden mittelfristig unter Druck geraten, wenn sich das Angebot durch Schiefergasabbau in Mitteleuropa oder verstärkte LNG-Importe deutlich erhöht. Auch der Emir von Katar, der ebenfalls sehr große konventionelle Gasvorkommen ausbeutet, dürfte unter dieser Entwicklung leiden.

Aber auch die großen US-Ölkonzerne sind nicht automatisch die Hauptgewinner des Booms. Neue Sicherheitsbestimmungen für das Fracking werden die Förderkosten weiter erhöhen. Überdies fehlen in den USA noch Kapazitäten, um die zusätzlich geförderten Mengen in die Raffinerien zu bringen. Pipelinebetreiber und Eisenbahngesellschaften schöpfen darum einen hohen Anteil der Rendite ab. Viele Unternehmen produzieren daher im Moment unter der Kostendeckungsgrenze[37], was zu der oben bereits erwähnten Übernahmewelle geführt hat.

Das grundsätzliche Problem beim Erschließen der neuen Möglichkeiten löst dies nicht: Wirtschaftlich ist Fracking bisher für die unmittelbar dabei tätige Industrie kein durchschlagender Erfolg. Für Zulieferer, Logistikfirmen und vor allem energieintensive Abnehmer allerdings sehr.

Literatur

Ewen, C., Borchardt, D., Richter, S., Hammerbacher, R. 2012. Risikostudie Fracking – Sicherheit und Umweltverträglichkeit der Fracking-Technologie für die Erdgasgewinnung aus unkonventionellen Quellen. Darmstadt

[35] Price Waterhouse Coopers. shale oil, S. 17.

[36] Starinskaja. Schieferöl.

[37] O.V. Anleger.

Price Waterhouse Coopers. 2013. shale oil: the next energy revolution. London

Priddle, Robert, et. al. International Energy Agency. 2012. Golden Rules for a Golden Age of Gas; World Energy Outlook Special Report on Unconventional Gas. Paris

Wirtschaftsverband Erdöl- und Erdgasgewinnung e. V. 2011. Stellungnahme des Wirtschaftsverbandes Erdöl- und Erdgasgewinnung e. V. zum UBA-Gutachten. Hannover

Wirtschaftsverband Erdöl- und Erdgasgewinnung e. V. 2011. Jahresbericht. Zahlen und Fakten. Hannover

Wirtschaftsverband Erdöl- und Erdgasgewinnung e. V. 2010. Sichere und umweltschonende Erschließung von Erdgaslagerstätten in Deutschland. Hannover

Wirtschaftsverband Erdöl- und Erdgasgewinnung e. V. 2006. Die deutsche E & P-Industrie: weltweit aktiv. Hannover

Wirtschaftsverband Erdöl- und Erdgasgewinnung e. V. 2010. Reserven und Ressourcen
Potenziale für die zukünftige Erdgas- und Erdölversorung. Hannover

Wirtschaftsverband Erdöl- und Erdgasgewinnung e. V. 2011. Chancen nutzen – Umwelt schützen; Thesenpapier zur Erschließung von Erdgaslagerstätten in Schiefergesteinen und Kohleflözen in Deutschland. Hannover

5 Die energieintensiven Branchen

Derzeit sind die energieintensiven Branchen das Zugpferd der Konjunktur. Deutschland, als exportorientierte Nation stände lange nicht so gut da, würde es nicht die Automobilindustrie, den Stahl- und Maschinenbausektor geben. Das gilt für andere traditionelle Wirtschaftsräume genauso. Und darum ist die Frage des Energiepreises auch die Frage des wirtschaftlichen Erfolges und Wohlstands der einzelnen Volkswirtschaften. Waren das bislang Europa und die USA, sind jetzt China, Indien, Russland und einige südamerikanischen Staaten die Player, die das globale Geschehen bestimmen. Und gerade die jungen Wirtschaftsnationen sind in erster Linie am Aufstieg und daher in der Folge an bezahlbarer Energie interessiert.

Die Energie spielt also eine Schlüsselrolle im Tun dieser Wirtschaftsmächte. Die Energie treibt nicht nur die Maschinen und Anlagen an, sondern ist auch entscheidender Faktor für die Preisgestaltung der Produkte.

Was Sie in diesem Kapitel erfahren:

5.1 Der Energieverbrauch und die wirtschaftliche Zukunft
5.2 Die Industrie und die Abhängigkeit von Versorgungs- und Preisstabilität
5.3 Die Energieintensiven Industrien suchen Lösungen
5.4 Die Auswirkungen von Fracking auf die Mobilität von Morgen

Ohne die sogenannten energieintensiven Industrien sähe es derzeit wirtschaftlich zappenduster aus. Das gilt auf jeden Fall für Deutschland, da die Bundesrepublik zu den führenden Exportnationen zählt. Doch die Bestseller aus unserem Land wie Maschinen oder Anlagen sowie Premiumfahrzeuge „made in Germany" benötigen bei der Herstellung besonders viel Energie. Das hat auch die Politik erkannt. So schreibt das Bundeswirtschaftsministerium (BMWI) auf seiner Internetseite: „Leistungsstarke und damit international wettbewerbsfähige energieintensive Industrien sind wichtig für Wachstum und Beschäftigung in Deutschland. Sie sind

C. Habrich-Böcker et al., *Fracking – Die neue Produktionsgeografie*,
DOI 10.1007/978-3-658-05887-6_5, © Springer Fachmedien Wiesbaden 2015

regelmäßig der Grund für die Ansiedlung nachgelagerter Produktionsstandorte und damit auch indirekt für die Schaffung und Erhaltung weiterer Arbeitsplätze verantwortlich. ..." Ins gleiche Horn stößt die Studie „Der Mix stimmt – warum die Industrie unsere Volkswirtschaft beflügelt" von Prognos und Management Engineers: „Im Maschinenbau zum Beispiel dominiert Deutschland den weltweiten Export mit einem Anteil von rund 20 Prozent." Das gilt auch für die Forschungstätigkeit der deutschen Industrie, sagen die Autoren. Und die Zahlen des Wirtschaftsministerium unterstreichen die Aussage für Deutschlands Volkswirtschaft: Deutschland zählt zu den weltweit führenden Exportnationen. Im Jahr 2013 wurden von Deutschland Waren im Wert von 1093,8 Mrd. Euro ausgeführt (-0,2 Prozent gegenüber 2012). Der Ausfuhrüberschuss belief sich auf 197,7 Mrd. Euro, ein Rekordwert. Der Anteil der Warenausfuhren am gesamten deutschen Auslandsgeschäft lag im Jahr 2013 bei 84,4 Prozent. Diese Exportstärke ist Ausdruck der Leistungsfähigkeit der deutschen Industrie. Die seit 1995 deutlich gestiegenen Ausfuhrquoten der bedeutendsten Exportbranchen sind ein signifikanter Beleg für die gestiegene Wettbewerbsfähigkeit der deutschen Industrieunternehmen: So hat sich z. B. die Exportquote des Maschinenbaus zwischen 1995 und 2013 von 42,7 Prozent auf 62 Prozent und die der Kfz-Industrie von 47,7 Prozent auf 65 Prozent erhöht. Insgesamt verkaufte das Verarbeitende Gewerbe 2013 fast 48 Prozent seiner Erzeugnisse ins Ausland", so das BMWI.

„Ähnlich ist die Konstellation in der Chemie- und Pharmaindustrie. Hier führen deutsche und US-amerikanische Unternehmen in beiden Kategorien." Die chemisch-pharmazeutische Industrie hat 2012 ihre Exporte um 5 Prozent auf den neuen Rekordwert von 160,9 Mrd. € gesteigert. „Damit trägt sie erneut den Titel des Chemie-Exportweltmeisters", sagt das Wirtschaftsministerium.

Der Bundesverband der Energieintensiven Industrien in Deutschland bestätigt die offizielle Dimensionseinschätzungen: „Energieintensive Industrien erwirtschaften jährlich einen Umsatz von mehr als 311 Mrd. € – oder 17 Prozent des Umsatzes des gesamten Verarbeitenden Gewerbes." Auch als Arbeitgeber spielt die Industrie eine wichtige Rolle. „Die Energieintensiven Industrien beschäftigen rund 830.000 Mitarbeiter – oder 14 Prozent der Beschäftigten des Verarbeitenden Gewerbes. Jeder Arbeitsplatz in der energieintensiven Grundstoffproduktion sichert etwa zwei Arbeitsplätze in anderen Industriezweigen und im Dienstleistungssektor." Um das zu erreichen, geben die Unternehmen jedes Jahr über 16 Mrd. € für Energie aus, rechnet die Interessensvertretung der Energieintensiven Industrie vor. Das unterstreicht die Wichtigkeit des Energiepreises für die produzierenden Unternehmen in den bedeutenden Volkswirtschaftsräumen wie Europa genauso wie für die beiden größten Volkswirtschaften, die Volksrepublik China und die Vereinigten Staaten.

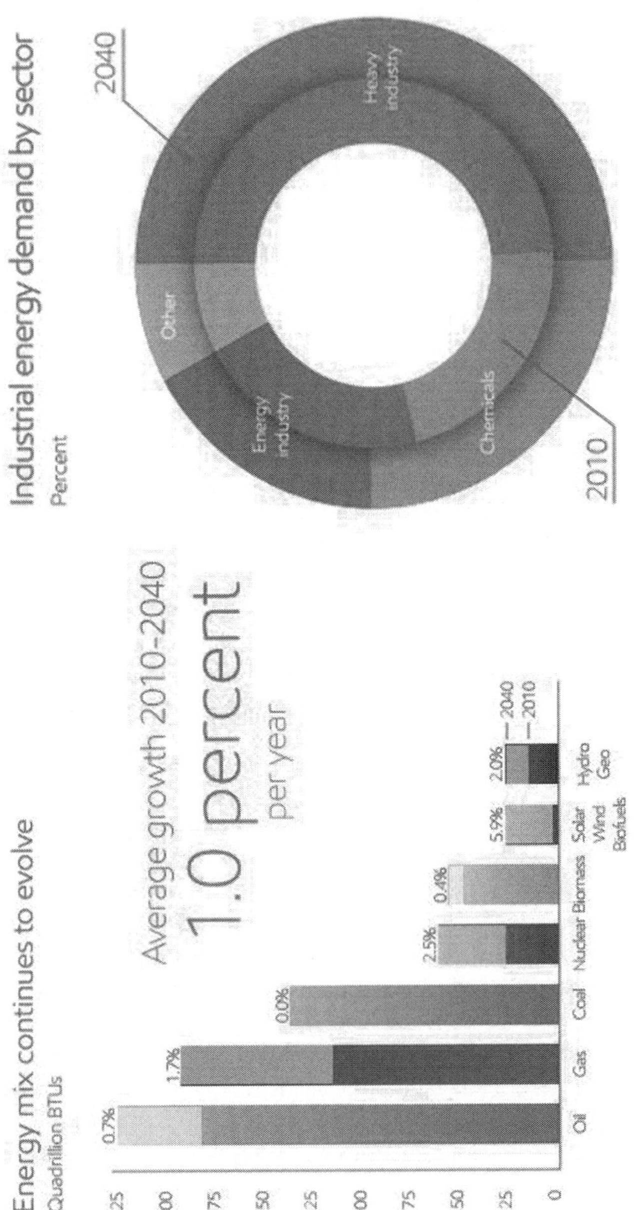

Abb. 5.1 Die Preise für industriellen Verbraucher im Vergleich. (Quelle: Eurostat)

16 Mrd. € Energiekosten und das bei einem derzeit gängigen Durchschnittspreis in EU-27-Ländern[1] von 0,0976 € je kw/h. Betrachtet man die Preise im Verlauf der vergangenen Jahre, stellt man fest, dass sich der Preis seit 2005 um ein Drittel verteuert hat. „Energiekosten, die im internationalen Vergleich überhöht sind, können zu Standortverlagerungen führen. Das kann zu Produktionseinbußen führen und Arbeitsplätze kosten", warnt das BMWI. Dies gilt insbesondere für energieintensive Industriezweige wie die Stahl- und Aluminiumindustrie, chemische Industrie, Papierindustrie und Glasindustrie. Tatsache ist: Die Energiekosten der gesamten deutschen Industrie haben von 21,1 Mrd. € in 2000 auf 35,4 Mrd. € in 2010 zugenommen. Der durchschnittliche Anteil der Energiekosten am Bruttoproduktionswert hat sich im gleichen Zeitraum von 1,6 auf 2,1 Prozent erhöht (Quelle: Statistisches Bundesamt vgl. auch Tab. 5.1)."

Deutschlands Industriestrompreise liegen 15 Prozent über dem Durchschnitt der EU-Länder. Im Vergleich zu Frankreich und den Niederlanden sind sie sogar 40 Prozent höher, zieht das Wirtschaftsministerium Bilanz. Zwar haben im Laufe der Jahre neue Technologien dazu geführt, anhaltend die Effizienz zu steigern und damit den Verbrauch und somit die Kosten der Unternehmen zu senken. Doch das reicht nicht aus, um die Wettbewerbsfähigkeit Europas aufrecht zu erhalten. Maria van der Hoeven, Executive Director der IEA, präsentierte in einer Rede Ende April 2013 in Dublin folgende Fakten: „Ein Blick auf die Daten macht deutlich, dass die Europäische Union - und so soll es auch bleiben - ein bedeutender Global Player auf den Energiemärkten ist. Das resultiert nicht nur aus der Rolle als Technologieführer, sondern auch aus der als massiver Importeur, insbesondere für fossile Brennstoffe. Die EU ist der größte Importmarkt für Erdgas, und wird bald der größte Importeur von Öl zu werden."

Nun reagierte die Europäische Union auf dieses Manko und organisierte einen Gipfel zur Energie und Klimapolitik. „Eine erschwingliche Energie sei notwendig, um Wachstum und Jobs zu schaffen und Unternehmen wettbewerbsfähig zu machen", heißt es im Gipfel-Planungspapier.

5.1 Der Energieverbrauch und die wirtschaftlichen Zukunft

Denn bei aller Reduzierung in den hocheffizienten Fertigungsketten ist der Preis nach wie vor einer der Faktoren, der über den wirtschaftlichen Erfolg bestimmt. Wie sensibel die Höhe ist, zeigt die Diskussion, die in Deutschland aufgrund der Energiewende geführt wird. Viele Unternehmen drohen mit Abwanderungen, weil

[1] Statistik von Eurostat.

Tab. 5.1 Die Strompreise in der EU müssen runter. Die Entwicklung zeigt ein anhaltendes hohes Niveau. (Quelle: Eurostat)

Strompreise für industrielle Verbraucher												
EUR je kWh												
geo\time	2002	2003	2004	2005	2006	2007	2008	2009	2010	2011	2012	2013
EU (28 Länder)	:	:	:	:	:	:	0.088	0.0956	0.0915	0.0929	0.0957	0.094
EU (27 Länder)	:	:	:	0.0672	0.0752	0.082	0.0881	0.0956	0.0914	0.0929	0.0957	0.094
Euroraum (wechselnde Zusammensetzung)	:	:	0.0667	0.0713	0.0774	0.0837	0.0883	0.0972	0.0919	0.0929	0.0961	0.0929
Euroraum (18 Länder)	:	:	:	:	:	:	:	:	:	:	:	:
Euroraum (17 Länder)	:	:	:	:	:	:	:	:	:	:	:	:
Belgien	0.076	0.0764	0.0755	0.0695	0.083	0.088	0.0988	0.1026	0.0943	0.0977	0.095	0.0914
Bulgarien	:	:	0.0409	0.0429	0.046	0.0465	0.0557	0.0639	0.0639	0.0638	0.0684	0.0803
Tschechische Republik	0.0518	0.0499	0.0492	0.0601	0.0731	0.0783	0.1095	0.1057	0.1022	0.1097	0.1028	0.1012
Dänemark	0.0639	0.0697	0.0631	0.0646	0.0724	0.0638	0.0785	0.0738	0.0848	0.0875	0.0829	0.0898
Deutschland	0.0685	0.0697	0.074	0.078	0.0871	0.0946	0.0929	0.0975	0.0921	0.09	0.0895	0.086
Estland	0.0465	0.0455	0.0455	0.0472	0.0511	0.0534	0.0514	0.0587	0.0573	0.0616	0.0647	0.0842
Irland	0.0768	0.0762	0.0787	0.0896	0.0998	0.1125	0.1302	0.1206	0.1118	0.1121	0.1293	0.1331
Griechenland	0.059	0.0614	0.063	0.0645	0.0668	0.0698	0.0861	0.0948	0.0855	0.0917	0.1006	0.104
Spanien	0.052	0.0528	0.0538	0.0686	0.0721	0.081	0.0915	0.1098	0.111	0.1082	0.1155	0.1165
Frankreich	0.0562	0.0529	0.0533	0.0533	0.0533	0.0541	0.0599	0.0667	0.0687	0.0722	0.0809	0.0771
Kroatien	:	:	:	0.0556	0.0596	0.0597	0.0743	0.0853	0.0932	0.09	0.0892	0.0942
Italien	0.0776	0.0826	0.079	0.0843	0.0934	0.1027	:	:	:	0.1145	0.1193	0.1122

Tab. 5.1 (Fortsetzung)

Zypern	0.0903	0.0962	0.0818	0.0787	0.1114	0.1048	0.1405	0.1164	0.1483	0.1605	0.2171	0.2002
Lettland	:	:	0.0431	0.0409	0.0409	0.0443	0.066	0.0896	0.089	0.0984	0.1103	0.1125
Litauen	:	0.055	0.0513	0.0498	0.0498	0.0548	0.0829	0.0924	0.0991	0.1045	0.1135	0.1228
Luxemburg	0.0645	0.0675	0.069	0.0752	0.0845	0.0963	0.0927	0.1096	0.0956	0.096	0.1007	0.094
Ungarn	0.0595	0.0604	0.0654	0.0701	0.0753	0.0812	0.1119	0.1221	0.1037	0.0978	0.0888	0.0904
Malta	0.0698	0.0636	0.062	0.0706	0.0711	0.0897	0.1221	0.1506	0.18	0.18	0.18	0.18
Niederlande	:	:	:	0.0806	0.0855	0.092	0.091	0.0985	0.0865	0.0822	0.0805	0.0789
Österreich	:	:	0.0553	0.0621	0.0653	0.0786	0.0897	0.0991	0.0922	0.0917	0.0906	0.0871
Polen	0.0585	0.0566	0.0446	0.0506	0.0543	0.0541	0.0814	0.0857	0.0929	0.0963	0.0869	0.0883
Portugal	0.0665	0.0673	0.0684	0.0713	0.0817	0.086	0.0782	0.0919	0.0896	0.0903	0.105	0.1015
Rumänien	:	0.0405	0.0468	0.0769	0.0773	0.0842	0.0886	0.0811	0.085	0.0803	0.0833	0.0904
Slowenien	0.0599	0.0582	0.0609	0.0611	0.0651	0.075	0.0904	0.0987	0.0917	0.0889	0.0872	0.0838
Slowakei	:	:	0.0683	0.0703	0.0773	0.0932	0.1197	0.1416	0.1161	0.1233	0.1273	0.1242
Finnland	0.0401	0.0566	0.0543	0.0527	0.0517	0.0542	0.0614	0.0663	0.0667	0.0686	0.0684	0.0679
Schweden	0.031	0.0666	0.052	0.0462	0.0587	0.0626	0.0688	0.0662	0.08	0.0887	0.0804	0.0799
Vereinigtes Königreich	0.0614	0.0539	0.0478	0.057	0.0799	0.095	0.0937	0.1077	0.0947	0.0939	0.1095	0.1124
Island	:	:	:	:	:	:	:	:	:	:	:	:
Liechtenstein	:	:	:	:	:	:	:	:	:	:	:	:
Norwegen	0.0433	0.056	0.0542	0.0528	0.052	0.0724	0.0652	0.0669	0.0893	0.0962	0.0774	0.0812
Schweiz	:	:	:	:	:	:	:	:	:	:	:	:
Montenegro	:	:	:	:	:	:	:	:	:	0.0617	0.0648	0.0721
Die ehemalige jugoslawische Republik Mazedonien	:	:	:	:	:	:	:	:	:	:	:	0.0391

Tab. 5.1 (Fortsetzung)

Serbien	:	:	:	:	:	:	:	:	:	:	:	0.0568
Türkei	:	:	:	:	:	:	0.0661	0.0754	0.0863	0.076	0.0831	0.0891
Bosnien und Herzegowina	:	:	:	:	:	:	:	:	0.0622	0.0613	0.0646	0.0653
:=nicht verfügbar												
:												

Datenquelle: Eurostat
Letztes Update: 20.05.2014
Datum der Extraktion: 01 Jun 2014 12:46:18 MEST
Hyperlink zur Tabelle: http://epp.eurostat.ec.europa.eu/tgm/table.do?tab=table&init=1&plugin=1&language=de&pcode=ten00114
Allgemeiner Disclaimer der Website der Europäischen Kommission: http://ec.europa.eu/geninfo/legal_notices_de.htm
Kurzbeschreibung: Dieser Indikator stellt die Strompreise dar, die den Endverbrauchern in Rechnung gestellt werden. Strompreise für industriellen Verbraucher werden wie folgt definiert: Nationale Durchschnittspreise in Euro pro kWh ohne angewandte Steuern für das erste Halbjahr eines jeden Jahres für industrielle Verbraucher mittlerer Größe (Verbrauch Gruppe Ic mit einem Jahresverbrauch zwischen 500 und 2000 MWh). Bis 2007 beziehen sich die Preise jeweils zum 1. Januar eines jeden Jahres für Verbraucher mittlerer Größe (Standardverbrauch Ie mit einem Durchschnittsverbrauch von 2000 MWh).
Code: ten00114

sie sonst nicht mehr im globalen Wettbewerb konkurrieren können. Diese neue Herausforderung Energiewende müssen nun die Betriebe wie die Vinnolit GmbH & Co. KG aus Ismaning meistern. Auch sie befürchten in einem Artikel des vbw-Magazin[2] nachhaltige Folgen, die aus der Energiewende resultieren: „Die Energiewende in Deutschland darf nicht auf dem Rücken der energieintensiven Unternehmen ausgetragen werden. Hier stehen Tausende Arbeitsplätze und ganze industrielle Wertschöpfungsketten auf dem Spiel. Es besteht die Gefahr, dass die politisch beschlossenen Änderungen im Energiemix zu Lasten von Versorgungssicherheit und Bezahlbarkeit gehen", sagt Dr. Oliver Mieden, Leiter Environmental Affairs & Corporate Communications dem Magazin. Vinnolit stellt den Kunststoff PVC und die Vorprodukte Chlor, Ethylendichlorid und Vinylchlorid her.

Das Unternehmen mit einem Umsatz von 798 Mio. € in 2010, benötigt insbesondere bei der Herstellung von Chlor durch Elektrolyse von Steinsalz trotz modernster Anlagen viel Energie. „2010 lagen wir bei ca. 140 Mio. € Aufwendungen pro Jahr. Für das laufende Jahr rechnen wir mit rund 150 Mio.", so Mieden. Dies ist für den Arbeitgeber von 1.500 Mitarbeitern, die überwiegend an bayerischen Standorten beschäftigt sind, keine Kleinigkeit. „Der Anteil der Energiekosten an den Gesamtkosten in 2010 beträgt 18 Prozent. Die Energiekosten 2010 betragen ca. 135 Prozent der Personalkosten, das heißt sie sind fast 1,4-mal so groß", rechnet das Unternehmen vor.

Die Energie wird aber auch außerhalb Deutschlands teuer werden, sofern keine neuen Ressourcen zu den bisherigen hinzukommen. Denn die kommenden Wirtschaftsmächte wie Indien brauchen mehr und mehr Energie, um ihr Wachstumstempo weiter zu halten. Die Analysten der Internationalen Energieagentur (IEA)[3] rechnen bis 2035 mit einer Steigerung bei den Strompreisen um durchschnittlich 15 Prozent. Getrieben wird die Zunahme durch höhere Treibstoffpreise, die verstärkte Nutzung erneuerbarer Energien in einigen Regionen sowie der CO_2-Preisgestaltung. Dadurch wird es signifikante regionale Unterschiede geben. Die höchsten Preise werden in der Europäischen Union und Japan verlangt.

Aber vor allem durch die wachsende Nachfrage der kommenden Wirtschaftsnationen ist keine Entspannung der Energiekosten in Sicht. Ein gutes Beispiel für die Entwicklung ist Indien: Hier sind bis 2040 laut Angaben des Reportes „2013: The Outlook for Energy: a view to 2040" von ExxonMobil mit Zahlen der Weltbank 70 Prozent der Bevölkerung im arbeitsfähigen Alter. Das bedeutet gleichzeitig steigende Wirtschaftsaktivitäten und somit auch steigenden Energiebedarf. Global gesehen wird mehr als die Hälfte der Energienachfrage bis 2040 Strom und Gas betref-

---

[2] vbw-magazin, Ausgabe 01/2012, Seite 12.

[3] IEA: Energy Outlook 2013.

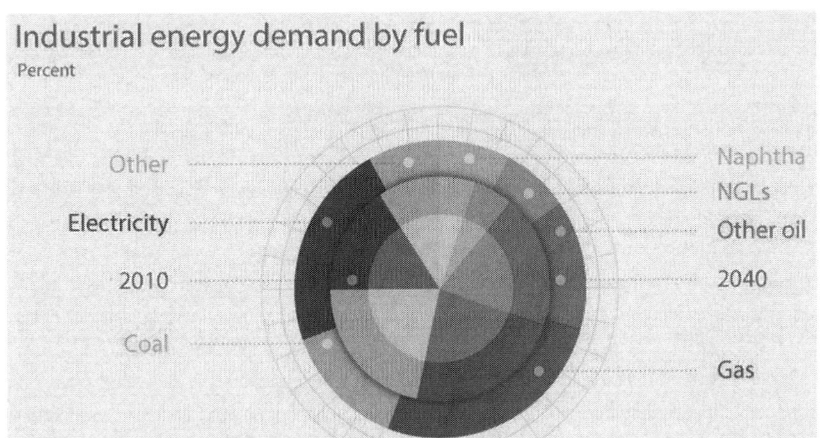

Abb. 5.2 Der Anteil an Gasbedarf wird steigen. (Quelle: Exxon)

fen, sagt Exxon. Laut der Studie steigt dabei der Gasbedarf um mehr als 50 Prozent. Das liegt, folgt man den Autoren, an der guten Versorgung, die auch dank Fracking vor allem in den USA möglich wurde.

Umso wichtiger ist es, dass die Technologien, vor allem im Hinblick auf die CO_2-Reduzierung optimiert werden, da der Ausstoß Kosten für Umweltmaßnahmen mit sich zieht. Das hat auch China erkannt und erließ im 12. Fünf-Jahres-Plan rigide Vorschriften, die den Umweltschutz vorantreiben. China, derzeit die asiatische Lokomotive, wird zudem weniger CO_2-Ausstoß haben, als in früheren Prognosen vorausgesagt. Einer der Gründe ist die Abflachung des Wachstums, das natürlich auch eine Reduzierung des Energiebedarfs nach sich zieht. Und die Technologie wird immer effizienter. Das führt nach 2030 zu einem Rückgang der Nachfrage der dortigen Industrie, steht im Exxon-Report. „In den nächsten 30 Jahren verschiebt sich die Nachfrage aus China zu Gunsten von Indien und anderen expandierenden Regionen, wie Südostasien, dem Mittleren Osten und Afrika", so weiter. Die Nicht-OECD-Ländern werden im Jahr 2040 rund 70 Prozent der globalen Nachfrage der Industrie ausmachen. In Indien wird sich aufgrund des ansteigenden Wirtschaftswachstums der Bedarf fast verdreifachen. Für Lateinamerika, Afrika und den Nahen Osten sehen die Exxon-Analysten einen Anstieg zwischen 70 Prozent und 90 Prozent bis 2040.

5.2 Die Industrie und die Abhängigkeit von Versorgungs- und Preisstabilität

Betrachtet man den Bedarf nach Branchen, wird sich die Nachfrage der weltweiten chemischen Industrie laut „EnergyOutlook 2013" im selben Zeitraum um 50 Prozent erhöhen. Im Bereich der Schwerindustrie – also der Herstellung von Stahl, Eisen und Zement – steigt der Bedarf um 35 Prozent. Rund 90 Prozent des Verbrauchsanstiegs des industriellen Energiebedarfs geht auf das Konto der Schwer- und Chemischen Industrie", schreibt Exxon. „Die Chemie als drittgrößter Industriezweig in Deutschland kann einer guten Zukunft entgegensehen: Ihre Produkte und Leistungen spielen für eine nachhaltige Entwicklung und alle globalen Megatrends, hinter denen das Wachstum der Weltbevölkerung als treibende Kraft wirkt, eine zentrale Rolle. Eine Steigerung der Chemieproduktion am Standort Deutschland um 40 Prozent bis 2030 scheint so möglich", sagt der Verband der Chemischen Industrie (VCI). Das liegt daran, „dass die globale Chemieproduktion durchschnittlich mit 4,5 Prozent pro Jahr dynamischer steigt als die Industrieproduktion insgesamt", rechnet die Prognos-Studie „Chemie 2020" vor, die im Auftrag des Verbandes der Chemischen Industrie (VCI) erstellt wurde. „Im Vergleich zur Vordekade handelt es sich um eine spürbare Beschleunigung des Wachstums (3,9 Prozent pro Jahr), die unter anderem auf eine steigende Chemieintensität bei vielen Kundenbranchen zurückzuführen ist. So gewinnt die chemische Industrie im Baugewerbe durch zunehmende Gebäudeisolationen an Bedeutung, während der vermehrte Einsatz von Brennstoff- und Solarzellen die Chemieintensität in der Elektrotechnik hochtreibt" so die Begründung des VCI. Doch die Wirtschaftlichkeit des Wachstums ist stark abhängig vom Energiepreis.

Energieabhängigkeit gilt auch für die Stahlindustrie. Nach Angaben der deutschen Wirtschaftsvereinigung Stahl liegen die Energiekostenanteil bei der Stahlproduktion bei etwa 20 Prozent. Eine belastbare Statistik, aus welchen Quellen die Branche ihre Energie bezieht, gibt es nicht: „Ganz allgemein gilt, dass die Stahlindustrie – wie die übrigen energieintensiven Industrien – auf eine verlässliche, kontinuierliche Stromlieferung angewiesen ist. Das gewährleistet Wind- und Sonnenenergie leider nur unzureichend", merkt die Interessensgemeinschaft an. Das gestaltet die Situation für die Industrie – insbesondere in Deutschland aufgrund der Energiewende – kritisch.

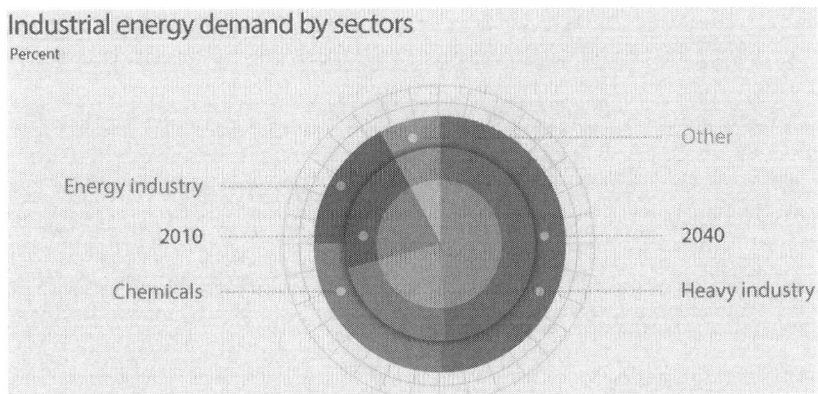

Abb. 5.3 Die Nachfrage der Industrieverbraucher nach einzelnen Branchen. (Quelle: Exxon, Energy Outlook 2014)

5.3 Die Energieintensiven Industrien suchen Lösungen

Doch eine Produktionsverlagerung aufgrund günstiger Energiequellen ist laut Branchenverband ein Rechenspiel: „Produktionsverlagerungen rentieren sich nur, wenn die zukünftigen Kosten der Stahlproduktion inklusive der Kosten für die Produktionsverlagerung niedriger sind, als die zukünftigen Kosten hierzulande. Dabei spielen nicht nur die Stromkosten eine Rolle, sondern auch Rohstoffkosten, Wechselkurse, Löhne und Gehälter, Grundstückskosten, Kundennähe, also eine Vielzahl von Gesichtspunkten. Das österreichische Stahlunternehmen voestalpine hat sich aber bereits entschlossen, in einen US-amerikanischen Standort zu investieren, weil dort die Energiekosten niedriger sind als in Österreich. Ursprünglich sollte diese Investition in Europa getätigt werden."

Und die Industrie ist eher skeptisch, dass man durch Fracking die Nachfragesteigerung des Energiebedarfs wesentlich decken kann. Aufgrund des globalen Bevölkerungs- und Wirtschaftswachstums werden Ressourcen in den kommenden 20 Jahren relativ knapp. Der Gesamtenergieverbrauch wird im Jahr 2030 um rund 50 Prozent über dem heutigen Niveau liegen. Dabei entsteht der zusätzliche Energiebedarf vor allem in den wachstumsstarken Schwellenländern. Da die steigende Nachfrage auf ein begrenztes Angebot trifft, gehen wir davon aus, dass die Preise für Energie und Rohstoffe zukünftig weiterhin stärker steigen als das Preisniveau insgesamt. In der Basisprognose wird gemäß dem „current policies scenario" der Internationalen Energie-Agentur (IEA) ein Ölpreisanstieg auf 135 US-Dollar je

Barrel bis zum Jahr 2030 unterstellt in Preisen von 2010. Inflationiert mit der Preisentwicklung des Bruttoinlandsprodukts der USA ergibt sich ein Preis von 243 US-Dollar je Barrel in 2030“, rechnet der Report vor.

Damit aber zumindest ein Teil aus den durch Fracking gewonnenem Shale Gas nicht nur in den Staaten den Energiebedarf deckt, sollte laut Aussage der Beteiligungsgesellschaft Kohlberg Kravis Roberts & Co. L.P. (KKR) die Förderung von unkonventionellen Lagerstätten vor allem in Nordamerika ausgebaut werden. Im Report „Historic Opportunities from the Shale Gas Revolution“ von Ende 2012 kommt Marc S. Lipschultz, Global Head of Energy & Infrastructure, zum Schluss: „Der Aufbau einer Erdgas-Export-Infrastruktur braucht Förderung und Entwicklung. Aus unserer Sicht spielt das eine wichtige und konstruktive Rolle bei der Maximierung der wirtschaftlichen Vorteile für die USA dank Shale Gas Revolution.“ Lipschultz weiter: „Die USA genießt jetzt signifikante komparative Vorteile im Vergleich zu vielen der energieimportabhängigen Handelspartnern.“ Schafft es die USA nicht nur ihren eigenen Bedarf zu decken, sondern auch eine Exportrolle einzunehmen, profitiert die Handelsbilanz der Nation.

Das würde auch für die Handelspartner der USA die Versorgungssicherheit gewährleisten und auf der anderen Seite jedoch auch den steigenden Anforderungen an den Klimaschutz Rechnung tragen, führt KKR weiter aus. Das tut not, da mit steigender wirtschaftlicher Tätigkeit auch der CO_2-Ausstoß steigt. Sowohl bei der Produktion als auch durch die bedingte Zunahme der Transportaktivitäten. Dadurch kommt das stärkste Argument von Gas ins Spiel: Der fossile Brennstoff soll rund 60 Prozent weniger CO_2 bei der Stromerzeugung emittieren als Kohle. Und weltweit reglementieren die Gesetzgeber sehr ambitioniert den Ausstoß. Um die politisch gesetzten Grenzen zu erreichen, wird nach Prognosen der Gasanteil bei der Stromerzeugung um 10 Prozent in den nächsten 30 Jahren steigen.

5.4 Die Auswirkungen von Fracking auf die Mobilität von morgen

Das hätte nicht nur positive Auswirkungen auf die Umweltbilanz der Industrie, sondern auch auf den Verkehr. Alleine im Transportsektor wird eine Zunahme der Nutzfahrzeuge um 65 Prozent in den kommenden 30 Jahren erwartet. Auch im Pkw-Bereich ist mit einer starken Zunahme zu rechnen, da die Bevölkerung der Volkswirtschaften wie Indien, die gerade an Bedeutung gewinnen, nach wie vor einen großen Nachholbedarf an Mobilität haben.

Damit das Verkehrssystem nicht kollabiert, sucht man in der Automobilbranche gerade nach der Quadratur des Kreises und erlebt eine Revolution von der PS-Protzerei hin zu nachhaltigen sparsamen Fahrzeugen. Oder wie Daimler-Vorstandsvorsitzende Dieter Zetsche formulierte. „Wir müssen das Auto neu erfinden." Gründe für die Sinneswandlung: Die wachsende Verkehrsdichte vor allem in den Städten, die Zunahme der Transporte via Straße, die immer rigideren Umweltvorschriften und die sich wandelnde Einstellung zur Mobilität bei der jungen Generation rückt das Thema Nachhaltigkeit immer mehr in den Fokus.

Ein Player, der hier in der jüngsten Vergangenheit dahin gehend ein deutliches Zeichen gesetzt hat, ist der Automobilbauer BMW. „BMW i" nennt der deutsche Premiumhersteller die Strategie, unter der er die Mobilitätsideen der Zukunft zusammenfasst. Das Thema Nachhaltigkeit ist dabei eine der tragenden Säulen. Das ist eine Herausforderung, vor allem da die BMW Group als erster Autobauer Carbon in einer Serienfertigung einsetzt. Der Grund: Carbon-Teile sind extrem leicht und drücken somit das Gewicht des Fahrzeuges, was in der Folge zu weniger Benzinverbrauch führt. Experten geben als Faustformel an: 100 kg weniger spart bis zu 0,4 Liter.

Die Herstellung von Karbon ist jedoch sehr energieintensiv und teuer, da für Karbonisierung hohe Temperaturen notwendig sind. Zudem stellt das Recycling ein Problem dar. Bislang wurde Kohlefaserverbundwerkstoff hauptsächlich im Flugzeugbau, in Luxuslimousinen sowie dem Rennsport eingesetzt. Darum scheint der Einsatz zunächst paradox. Schafft BMW den Werkstoff durch neue Verfahren für die Automobilserienproduktion zu einem bezahlbaren Werkstoff zu machen, hätte das möglicherweise zur Folge, dass die Nachfrage aus dem Automobilsektor ansteigen würde.

Laut einer Studie von Roland Berger Strategy Consultants und dem VDMA Forum Composite Technology „Serienproduktion von hochfesten Faserverbundbauteilen" ist mit einem jährlichen Wachstum von 33 Prozent zwischen 2011 und 2020 für den Sektor der endlosfaserverstärkten CFK-Werkstoffe zu erwarten.

„Bis 2020 wird für hochfeste karbonfaserverstärkte Kunststoffe insgesamt ein jährliches Wachstum von 17 Prozent erwartet. Voraussetzung dafür sind allerdings erhebliche Kostensenkungen, denn Material- und Prozesskosten sind derzeitig gerade für die Automobilindustrie noch zu hoch", heißt es beim Verband Deutscher Maschinen- und Anlagenbau e. V. (VDMA) dazu. Der Vergleich zeigt. „Die Kosten für in Fahrzeugen verbautes CFK betragen derzeit rund ca. 70 €/kg. Demgegenüber liegen sie für Stahl bei 3 €/kg, für hochfesten Stahl bei ca. 6 €/kg, und für Aluminium bei 7 €/kg", rechnen die Autoren Bernhard Jahn/Doris Karl im Composite-Marktbericht 2012 vor. Wie selten Karbon als Material vorkommt, zeigt der globale Vergleich. Laut Weltstahlverband[4] wurden 1,58 Mt Stahl im vergangenen

[4] worldsteel.org.

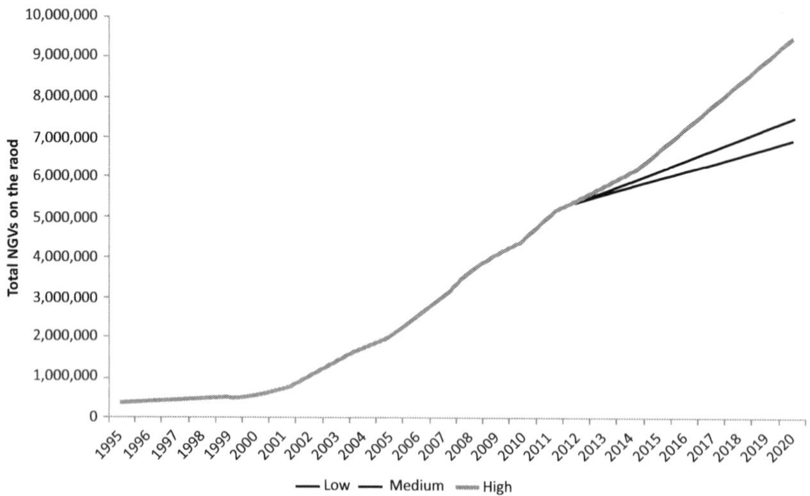

Abb. 5.4 Angenommene Szenarien von Gas-Flotten in den sieben Kernmärkten. (Quelle: Lux Research)

Jahr produziert, bei Karbon wurde ein Bedarf von 42.000 t Karbon im gleichen Zeitraum angesetzt[5].

Energie aus Fracking-Gewinnung würde die Produktion zwar verbilligen, ist aber beim Nachhaltigkeitsgedanken durchaus ein heikles Thema. Darum schließt die BMW Group aufgrund des Nachhaltigkeitsbekenntnisses einen Energieeinkauf durch Fracking derzeit aus. Das Unternehmen löste das Umweltthema, gemeinsam mit ihrem Carbon-Joint-Venture SGL Carbon, durch die Standortentscheidung der gemeinsamen Karbonfaserfertigung. Sie bauten die Fabrik in Moses Lake im Bundesstaat Washington, wo eines der größten Wasserkraftwerke der USA steht, und beziehen so grüne und zugleich kostengünstige Energie.

Nun greift man das noch nicht endgültig gelöste Thema des Recyclings auf. Aus diesem Grund vereinbarten jetzt Boeing, die vor Ort auch einen Testflughafen betreiben, und die BMW Group ein gemeinsames Projekt, um die Wiederverwend-

[5] www.carbon-composites.eu.

barkeit weiter zu optimieren. „Der 787 Dreamliner von Boeing besteht zu 50 Prozent aus Karbonfaserverbundstoffen. Das Recycling von Produktions-Reststoffen und am Ende des Produktlebenszyklus ist für beide Unternehmen daher von entscheidender Bedeutung", beschreiben die Münchner ihr Motiv. Damit würde sich auch der Umweltdruck aus der gesamten Produktion verringern. Denn recycelbares Material würde die Neuproduktion und möglicherweise auch den Energiebedarf senken. Doch es ist fraglich, ob die anderen Hersteller dem Nachhaltigkeitsgedanken so konsequent folgen. Vor allem Volumenhersteller sind nach wie vor auf eine günstige Stückkostenrechnung angewiesen.

5.4.1 Gas kann umweltfreundliche Mobilität fördern

Trotz oben genannter Bemühungen ist Fracking ein wichtiger Bestandteil für die künftige Mobilität, da vor allem das ausreichende Angebot an Gas dazu führt, dass vor allem im Transportbereich die Nachfrage an gasangetriebenen Lastern, Transportern; Bussen und bei der Handelsmarine getrieben wird. Positiver Effekt: Obwohl Gas zu den fossilen Brennstoffen zählt, verursacht es annähernd die Hälfte des CO_2-Ausstoßes wie Kohle.

Zwar wird das Gas anteilsmäßig bei den Pkw eine Nische bleiben (das Segment wird nach wie vor von Verbrennungsmotoren beherrscht), aber im Nutzfahrzeugbereich klettert der Anteil am Mix von einem Prozent 2010 auf 4 Prozent bis 2040. Das führt nach einer Befragung von 4.000 Managern dazu, dass Gas wieder in den Fokus der Automobilindustrie rückt. (Quelle: Befragung von Lux Research, USA. Lux Research ist ein unabhängiges Marktforschungs- und Beratungsunternehmen für strategische Beratung). Fracking könnte nach Chefanalyst Andrew Soare die Entwicklung für mehr gasangetriebene Fahrzeuge beschleunigen. „Länder wie China und Indien können auf lange Sicht Wachstumsmärkte für Gasfahrzeuge sein, weil dort die Märkte wachsen werden, sie eine große Bevölkerung haben und im Fall von China über Gasressourcen verfügen", sagte Soare im Interview.. Auf die Frage „Welcher Hersteller ist derzeit in punkto Gastechnologie am besten positioniert?" antwortet er: „Das variiert je nach Region, aber einige der Unternehmen – sowohl OEM und Tier-1-Lieferanten – sind gut dabei, unter anderem Cummings Westport und Honda." Doch entscheidend für ihn, dass die Infrastruktur ausgebaut wird. Doch Soare ist in dem Punkt skeptisch: „Es ist im Vergleich zu Stromladestationen oder Dieselsäulen teurer Gasstationen aufzubauen. Die Kompressions- und Lagervorrichtung können Kosten bis zu zwei Millionen Dollar verursachen."

Fahrzeuge mit Gasantrieb in den USA aufgrund Fracking Christine Tierney, US-Journalistin in Washington, recherchierte zu dem Thema, wie die Autoindustrie im Hauptförderland, den Vereinigten Staaten, auf die neue Versorgungssituation auf die Situation reagiert: „Die Aussicht auf reichlich Erdgas und preiswerten Strom, der durch Erdgas erzeugt wird, animiert US-Autohersteller und ausländischen Unternehmen mit US-Fabriken, um mehr Fahrzeuge mit Erdgas oder Strom zu bauen. Elektroautos und Hybride haben mittlerweile einen Anteil von drei Prozent der US-Verkäufe von Light Vehicles (LV), während nur eine Handvoll von Nutzfahrzeugen gebaut werden, um mit Erdgas betrieben zu werden – und nur ein Pkw, Hondas Civic GX kompakt bietet Gasantrieb."

Fahrzeuge, die mit Benzin betrieben werden, können relativ leicht umgebaut werden, um mit Erdgas zu laufen. Der Grund: Die Technik ist ähnlich. Die Kosten für die Anpassung des Motors betragen nur ein paar Dollar für ein Auto, bis zu mehreren Tausend für einen Lkw. Ein Auswechseln der Kraftstoff-Lagertanks für einen Betrieb mit verflüssigtem Erdgas ist da schon aufwendiger. Die Kosten belaufen sich in der Range von rund 3.000 bis 20.000 $ für einen schweren Lkw, errechnet das Center for Automotive Research in Ann Arbor.

Doch die Ergebnisse der Befragungen von Christine Tierney bestätigen die Annahmen von Lux Research und vom Investor KKR, dass die amerikanische Autoindustrie erst dann große Investitionen tätigt, bis eine Erdgastankstellen-Infrastruktur in den USA aufgebaut ist. Es gibt zwar Ausnahmen: Staaten wie Utah verfügen bereits über viele Erdgas-Tankstellen. Doch bislang ist die USA in Bezug auf Gasstationen eher Brachland.

Ein Treiber könnten aufgrund des Preises die Spediteure sein: Erdgas kostet halb so viel wie Benzin in den USA. Und Langstrecken-Lkw-Betreiber können ihre möglichen eigenen Tankstellen zu Verkaufsstellen erweitern. General Motors Co. hat seine Lkw und Nutzfahrzeuge bis hin zu ¾-Tonnen-Bi-Fuel-Pickups und komprimiert erdgasbetriebene Transporter gehören. „Je größer der Wagen und je mehr er angetrieben wird, desto größer ist die Ersparnis", sagte der ehemalige GM Chairman Daniel Akerson in einer Rede in Texas März 2013.

„Ein typisches Fahrzeug der Light-duty-Flotte könnte zwischen 5.000 und 10.000 US-Dollar pro Jahr durch die Umstellung auf Erdgas zu sparen", so Akerson weiter, „während ein Klasse-8-Lkw 2.500 bis 3.500 $ pro Monat durch die Umstellung auf verflüssigtes Erdgas spart. Das bedeutet, dass der Return on Investment in weniger als einem oder zwei Jahren trotz der höheren Kosten für die Ausrüstung erreicht ist", sagte er.

Die Industrie beklagt, dass diese goldene Chance vertan werden könnte, wenn nicht genügend Stationen mit Erdgas angeboten werden. Derzeit gibt es etwa 1.200 in den USA – und die Hälfte von ihnen in nur fünf Staaten. Flüssiges Erdgas ist noch knapper: 66 Stationen in zehn Staaten. Zum Vergleich: Es gibt 121.000 „normale" Tankstellen in den USA.

Dabei wäre das ein Segen: Die Gewinnung von Shale Gas stieg in den USA von einer durchschnittlichen jährlichen Rate von 17 Prozent von 2000 bis 2006 auf einen Jahresdurchschnitt von 48 Prozent seit 2006 bis 2010, zitiert die Brooking-Institution. Nach Angaben der Regierung verfügt man potenziell in Nordamerika über mehr Gasvorkommen als über Kohle oder Öl-Reserven, stellte Chrysler in einem Bericht vor. Darum startet der Hersteller eine Offensive, um die Ram-Pickup-Trucks erdgasbetrieben anzubieten.

Chrysler selbst hat begrenzte Erfahrung bei Erdgasfahrzeugen, kann aber auf das Know-how seines Partners und Eigentümers Fiat SpA zurückgreifen. Die Italiener sind weltweit ein führendes Unternehmen in der Technologie. Seit 1997 hat Fiat mehr als 500.000 Autos und Lastwagen mit Erdgas-Technologie gebaut und sie beherrschen mehr als 80 Prozent des europäischen Marktes für diese Fahrzeuge.

Die Autohersteller beeilen sich nicht, um große Investitionen zu tätigen, aber sie erkennen, dass die Aussicht auf günstigere Energiekosten positiv für die Technologie sein wird, sowohl direkt als auch indirekt. GM-Chairman Akerson sagte, dass der Energie-Boom Arbeitsplätze in den USA schaffen wird und Milliarden von Dollar für zusätzliche Steuereinnahmen generiert. Somit reduziert er das Handelsdefizit und führt zu geringeren CO_2-Emissionen.

Doch auch in den USA gibt es auch kritische Stimmen in der Industrie. Neben der Unsicherheit über die Verfügbarkeit von Erdgas, sieht die „Industrie in der regulatorischen Unsicherheit um Schiefergas eine der größten Herausforderungen für die Entwicklung", schreibt der Seniorpartner Charles Ebinger von Brookings, einer unabhängigen Forschungsinstitution im Bericht „Natural Gas Briefing".

Die Obama-Regierung zielt ihre Maßnahmen bis jetzt darauf ab, dass die nachhaltige Entwicklung von Shale-Gas-Ressourcen unterstützt wird, so der Bericht. Damit können die in den Staaten produzierenden Unternehmen in Sachen Energiekosten günstiger produzieren und haben einen Wettbewerbsvorteil.

Doch wie weit die Produktionen außerhalb der Staaten davon profitieren können, ist fraglich. Das kommt auf die Menge an, die die USA exportieren wird. Das bedeutet, dass Gas im Wettbewerbs mit Kernenergie, Kohlekraft und herkömmlichen Ölquellen in Konkurrenz steht. Und derzeit sind die Preise der herkömmlichen Ressourcen noch günstiger. Mit Ausnahme der Vereinigten Staaten, die eben durch die Förderung mittels Fracking bei Gas ein günstigeres Preis-Leistungs-Verhältnis aufzeigen.

Für den Rest der produzierenden Standorte außerhalb der USA gilt: So lange Kohle oder Kernkraft noch günstig sind, ist unkonventionell gewonnenes Gas oder Öl lediglich eine Option für die Erzeugung von Strom: Wegen der rigiden Vorschriften der Regierenden, in den kommenden Jahren das Treibhausgas zu reduzieren, wird Erdgas zunehmend wettbewerbsfähig, aufgrund der Tatsache, dass es bis zu 60 Prozent weniger CO_2 als Kohle bei der Stromerzeugung erzeugen soll. Allerdings wird der Einsatz von Fracking wahrscheinlich begrenzt bleiben, bis die Technologien so entwickelt sind, dass eine Umweltschädigung ausgeschlossen werden kann.

Literatur

Marc S. Lippschultz (November 2012) Historic Opportunities from the Shale Gas Revolution, KKR Report

Charles K. Ebinger; Govinda Avasarala Issue1 (März 2013) Natural Gas Liquids, Brookings Energy Security Initiative

6 Die Argumente der Gegner unter der Lupe

Familie Vargson in Pennsylvania lebt inmitten von Bohrtürmen, ihr Trinkwasser wird in Plastikcontainern geliefert[1], das Grundwasser ist verseucht. Wasserhähne brennen in Josh Foxs Hollywoodfilm „Gasland", Bauern verzweifelten an ihren kranken Kühen und Menschen leiden unter Ausschlägen in Lech Kowalskis Dokumentarfilm „Gas-Fieber": Bilder und Meldungen mit Horrorszenarien aus den USA über die verheerenden Auswirkungen von Fracking haben die Proteste gegen die Technologie in den vergangenen Jahren massiv befeuert. Mit Demonstrationen und Aktionen machen Anwohner, Umweltschutzverbände und Bürgerinitiativen gegen die unkonventionelle Gasförderung mobil. In Deutschland setzen sich alle Bürgerinitiativen gemeinsam mit dem Forderungskatalog „Korbacher Resolution"[2] für ein Fracking-Verbot bei Bund, Ländern und der Europäischen Union ein.

Für „Artists against Fracking" singt Yoko Ono in einem Video mit anderen US-Künstlern „Don't Frack your Mother". Und wenn der US-Kinofilm „Promised Land" mit Matt Damon läuft – es geht um den Kampf eines kleinen Ortes gegen einen großen Konzern, der dort Erdgas mit der Fracking-Methode fördern will – schließen sich an die Vorführung Diskussionen mit Bürgerinitiativen an. Einige Regierungen, etwa in Frankreich und Bulgarien haben Fracking verboten, die Landesregierung von Nordrhein-Westfalen hat ein Moratorium verhängt, ebenso über 100 Gemeinden im Staat New York in den USA. Welche grundlegenden Bedenken haben die Gegner? Was ist bei Fracking-Bohrungen bereits schief gelaufen? Was hat mit den Bohrungen nichts zu tun? Und lohnt sich Fracking überhaupt?

[1] http://www.rollingstone.com/politics/news/the-big-fracking-bubble-the-scam-behind-the-gas-boom-20120301#ixzz2MP2vnqWg. Zugegriffen: 31. Mai 2014.

[2] www.gegen-gasbohren.de/aktionen-forderungen-und-ziele/korbacher-resolution. Zugegriffen: 31. Mai 2014.

C. Habrich-Böcker et al., *Fracking – Die neue Produktionsgeografie*,
DOI 10.1007/978-3-658-05887-6_6, © Springer Fachmedien Wiesbaden 2015

Was Sie in diesem Kapitel erfahren:

- Welche Umweltrisiken konkret Fracking beinhaltet;
- welche Ergebnisse die Forschung bis dato liefern konnte;
- welche wirtschaftlichen Bedenken es gegen Fracking gibt;
- ob mit der Hydraulic-Fracturing-Technologie gefördertes Erdgas wirklich umweltfreundlicher als andere fossile Energieträger und
- welches die Ergebnisse der großen Gutachten in Deutschland sind.

6.1 Die ökologischen Faktoren

6.1.1 Risiken für das Wasser

Auf der Internetseite des Bundesumweltministeriums ist zu lesen „Die Fracking-Technologie kann zu Verunreinigungen im Grundwasser führen. Besorgnisse und Unsicherheiten bestehen besonders wegen des Chemikalieneinsatzes und der Entsorgung des anfallenden Abwassers (Flow-Back)" (Alle Risikofelder siehe Abb. 6.1).

Doch unter welchen Umständen es zu welchen Verunreinigungen kommt, darüber gibt es bis dato wenige Untersuchungen und widersprüchliche Erkenntnisse.

Potenzielle Gefahren für das Grundwasser Aus den Bundesstaaten der USA etwa aus Pennsylvania, wo im Marcellus Shale viele tausend Meter unter der Erdoberfläche mittels der Fracking-Technologie bereits seit 2007 Gas gefördert wird, wird in der Tat von Begebenheiten berichtet, die diese Bedenken bestätigen. Eine Studie aus dem Jahr 2011 der Duke University, einer privaten Elite-Universität in Durham im Bundesstaat North Carolina, zur Kontamination mit Methan im Trinkwasser in Pennsylvania in der Nähe von Fracking-Bohrungen, veröffentlicht in der Mai-Ausgabe 2011 von „Proceedings of the National Academy of Sciences", liefert Belege für einen Zusammenhang zwischen Fracking und Grundwasserverunreinigung[3]. Obwohl das von Seiten der Industrie abgestritten wurde, verurteilte wenige Monate später die Umweltbehörde von Pennsylvania (Pennsylvania Department of Environmental Protection) den dort operierenden Gasgiganten Chesapeake zu einer Strafe von über einer Million US-Dollar – die höchste Strafe, die jemals gegen einen Gasproduzenten ausgesprochen wurde. Begründung: Verunreinigung in 17 Fällen bei Bohrungen in Bradford County.

[3] http://www.bloomberg.com/news/2012-10-02/cabot-s-methodology-links-tainted-water-wells-to-gas-fracking.html. Zugegriffen: 1. Juni 2014.

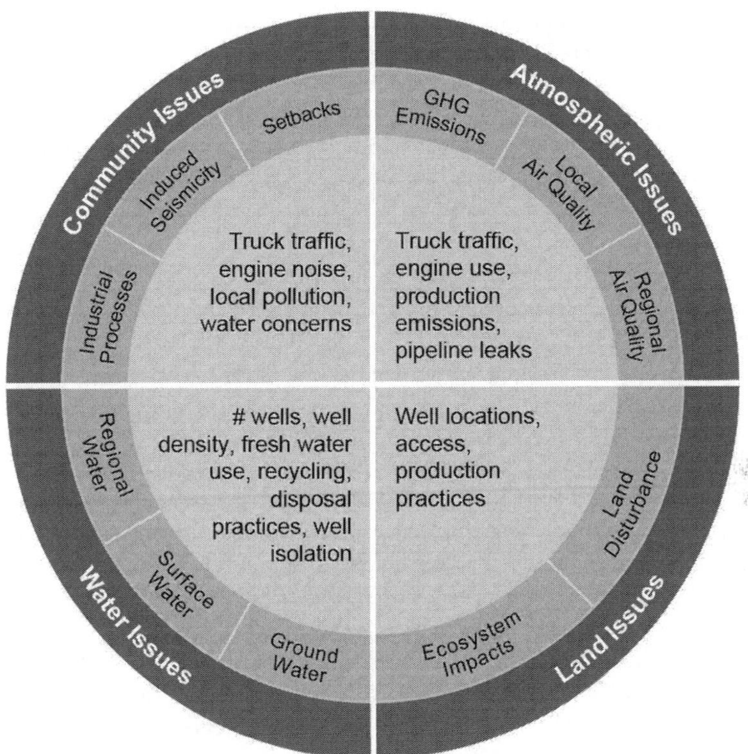

Abb. 6.1 Risikofelder beim Einsatz der Fracking-Technologie. (Quelle: JISEA, The Joint Institute for Strategic Energy Analysis)

Die U.S.-Umweltbehörde EPA leitet eine Grundwasseruntersuchung in Wyoming und hat in ihrem vorläufigen Bericht im Dezember 2011 festgestell (http://www2.epa.gov/region8/pavillion), dass Hydraulic Fracturing wahrscheinlich der Grund für die Verschmutzung ist.[4] Der endgültige Bericht, für 2014 angekündigt, stand bei Redaktionsschluss noch aus, zwischenzeitlich waren Untersuchungen eingestellt worden.[5] In weiteren Fällen unter anderem in Sublette County und Dimock sind Grundwasserverunreinigungen in der Nähe von Fracking-Bohrungen dokumentiert.

[4] http://www.epa.gov/hfstudy/pdfs/hf-report20121214.pdf. Zugegriffen: 1. Juni 2014

[5] http://thinkprogress.org/climate/2014/04/03/3422702/epa-fracking-water-contamination Zugegriffen: 15. Mai 2014

Wieder andere Studien negieren jeden Zusammenhang von Grundwasserkotamination und Einsatz der Fracking-Technologie, wie die im Januar 2012 vom Geologischen Dienst der USA (U.S. Geological Survey) veröffentliche Studie[6], die Wasserqualität von Proben aus den Bezirken Van Buren und Faulkner 2011 analysierten. Dabei wurden Chlorid-Konzentrationen in 127 Proben gemessen. Methankonzentrationen und Kohlenstoffisotope von 51 Proben bestimmt. Die Studie bezieht sich jedoch geografisch auf diese Bohrungen, die anderen Gebiete, aus denen Verunreinigungen gemeldet wurden, sind hier außen vor.

Doch Beispielfälle von Wasserkontamination gibt es genug. Die Non-Profit-Umwelt-Rechtsorganisation Earthjustice hat eine regelrechte Landkarte erstellt mit „Fraccidenta" (Unfälle auf Grund von Fracking-Bohrungen) auf ihrer Website. Viele der dort aufgeführten Unfälle betreffen das Grundwasser.

Doch was ist im Einzelfall die Ursache? Im April 2011 wurden in der Nähe von Towanda im Staat Pennsylvania, sieben Familien evakuiert, nachdem 30.000 Gallonen (11.3700 l) Abwasser ein landwirtschaftlich genutztes Areal überflutet hatten und die Flüssigkeit sich in den nahe gelegenen Fluss ergossen hatte – die Ursache war nach Angaben des Katastrophenschutzamts von Bradford Counts Bradford County Emergency Management Agency ein Materialfehler.[7]

Ursache des Zwischenfalls, der zur Verurteilung des Gasgiganten Chesapeake führte, hingegen war ein Blowout, der das giftige Fracking-Fluid mit dem Grundwasser in Berührung brachte. Der Blowout ist der GAU, also der größte anzunehmende Unfall, das unkontrollierte Austreten des Gasgemisches durch die Bohrrohre. Zwischen 2006 und 2011 passierte das in Texas 127-mal.[8]

Die Statistik der Frack-Unfälle in Marcellus Shale weist von 2010 bis 2012 eine steigende Tendenz im Verhältnis zu den Bohrungen auf, so kam es im Jahr 2010 bei 1609 Bohrstellen zu 97 Unfällen, (Rate 6,7 Prozent), 2011 lag die Rate bei 1972 Bohrungen bei 7,1 und 2012 bei 1346 Bohrungen 8,9 Prozent[9].

Industrievertreter und Ingenieure in Deutschland äußern häufig die Auffassung, die Unfälle in den USA seien auf die „hemdsärmelige" Herangehensweise der US-Gasunternehmen zurückzuführen, bei konsequenter Anwendung und Wei-

[6] http://www.usgs.gov/newsroom/article.asp?ID=3489 Zugegriffen: 4. April 2013.

[7] http://www.truth-out.org/news/item/7349:frackings-health-and-environmental-impacts-greater-than-claimed Zugegriffen 1. Juni 2014.

[8] http://stateimpact.npr.org/texas/2012/01/05/when-wells-blow-out-in-pennsylvania-texans-step-in/ Zugegriffen am 13. Juni 2014

[9] Industrieangaben, Präsentiert von Tony Ingraffea, professor of engineering at Cornell University, in der Debatte mit Dr. Terry Engelder New York State and/or Starkey Township should allow High Volume Shale Gas Extraction am 6. Februar 2013.

terentwicklung der Technik seinen derartige Unfälle vermeidbar. Dennoch ist es auch in Deutschland bereits zu Unfällen gekommen. Der Zusammenschluss von Fracking-Gegnern (www.gegen-gasbohren.de) berichtet von Kontaminierungen mit Benzol und Quecksilber durch Lagerstättenwasser im Erdgasfeld Söhlingen. Grund: Es wurden Kunststoffrohrleitungen für den Abtransport von Lagerstättenwasser verwendet, die brüchig wurden – deren Benutzung das Landesamt für Bergbau, Energie und Geologie (LBEG) daraufhin 2011 untersagte[10].

Giftige Stoffe aus 5000 m Tiefe Ein klares Nein zur Anwendung der Technologie in Deutschland kommt deshalb auch von Seiten der Umweltschutzorganisation Greenpeace. Der Energie-Experte Christoph von Lieven: „Der Flow-Back des eingepressten Chemiecocktails gefährdet die Umwelt. Die eingesetzten Chemikalien stehen erst seit einigen Jahren zur Verfügung und bedrohen nicht nur massiv Grund- und Trinkwasser. Beim Fracking werden durch das Aufbrechen des Gesteins und die Förderung an die Oberfläche bislang gebundener radioaktive Stoffe, sogenannte N.O.R.M. (naturally occuring radioactive materials) aus den Tiefen gelöst und hoch befördert. Diese werden nicht herausgefiltert und fachgerecht entsorgt, sondern an anderer Stelle einfach wieder in den Boden verpresst. Ca. 40 Prozent der eingepressten Flüssigkeit, dann auch mit N.O.R.M. versetzt, fließen durch das Bohrgestänge zurück an die Oberfläche.“[11]

Dr. H. Georg Meiners von der ahu AG Wasser Boden Geomatik in Aachen, der die beiden großen Studien zu Fracking in Deutschland für das Bundesumweltministerium und das Land NRW geleitet hat, beschreibt das Problem der Migration von Giftstoffen durch die Schichten folgendermaßen: „Bereits bei der Giftmülldeponie-Diskussion vor 30 Jahren gab es Anhänger der Theorie, dass es möglich ist, Substanzen unterirdisch und völlig von ihrer Umgebung isoliert zu verpressen oder zu lagern. Die Hoffnung war, dass die sogenannten Barriereschichten so dicht sind, dass für alle Ewigkeit nichts in die Umwelt entweichen kann. Unser Wissen heute ist, dass wir geologisch und hydrogeologisch von großen Systemen mit mehr oder weniger durchlässigen Schichten ausgehen müssen. Abhängig von den örtlichen Gegebenheiten können solche Schichten miteinander in Verbindung stehen. Die Aachener Thermalquellen zum Beispiel entstehen durch Versickerung von Regenwasser in der Eifel und kommen aus mehr als 3.000 m Tiefe nach einer langen Fließzeit wieder an die Oberfläche.

[10] http://www.gegen-gasbohren.de/vorfaelle-risiken-und-diskurs/kontaminiertes-grundundoder-trinkwasser/Zugegriffen: 13. Juni 2014.

[11] Interview am 17. März 2013.

Übertragen auf das Fracking in den tiefen Schichten lässt dies die Annahme zu, dass es Örtlichkeiten gibt, wo tiefes Formationswasser einschließlich der eingepressten Frack-Fluide unter bestimmten Umständen (geologische Störungen, Bohrungen) auch wieder nach oben kommen können. Solch ein Vorgang wäre irreversibel. Betrachtungen, dass diese Wässer dann beim Aufstieg oder durch normales Grundwasser verdünnt würden, sind angesichts der langen Zeiträume und Unsicherheiten nicht wirklich beruhigend. Deshalb ist hier besondere Vorsicht geboten."[12] Entscheidend sind die geologischen Gegebenheiten: „Ob und in welchem Ausmaß ein Stofftransport in Richtung auf wasserwirtschaftlich genutzte Grundwasservorkommen stattfindet, hängt von den standortspezifischen geologischen und hydrogeologischen Verhältnissen, etwa Durchlässigkeit und Grundwasserpotenzial sowie von den hydrochemischen Eigenschaften und Prozessen im tiefen Untergrund ab."[13]

Radioaktive Substanzen, die bei der Förderung ausgespült werden und an die Erdoberfläche gelangen, sind es auch, die in einer Studie der Non-Profit-Organisation „Resources for the Future" (RFF), veröffentlicht im US-Journal „Proceedings of the National Academies of Sciences" (PNAS) im Februar 2012[14], nach Auffassung der 215 teilnehmenden Experten aus Industrie und Wissenschaft die größte Umweltbelastung von Fracking darstellten (siehe auch Abb. 6.2).

Kontamination durch Produktionsabwasser In einer weiteren Kurzstudie von RFF (Shale Gas Development Impacts on surface water quality in Pennsylvania (März 2013)[15] wurden Stichproben des Oberflächenwassers in der Nähe von Bohrplätzen genommen. In den Seen und Gewässern wurden erhöhte Chlorid-Rückstände gefunden, die vermutlich durch Niederschläge dorthin geschwemmt wurden. Sheila Olmstead von RFF erläutert[16]: „In den USA wird dieses salzige Produktionsabwasser aus der Schiefergasförderung in den tiefen Untergrund verpresst, damit es weder Oberflächen-, noch Grundwasser belastet. Doch in Pennsylvania und den angrenzenden Gebieten funktioniert das aufgrund der geologischen Gegebenheiten nicht. Also lassen die Betreiber die Abwässer in kommunalen oder industriellen Kläranlagen behandeln. Allerdings werden nur wenige Anlagen

[12] Interview am 12.2013.

[13] Meiners in Risiken der Fracking-Technologie für das Grundwasser und die Trinkwasserversorgung – Ergebnisse der NRW- und UBA-Studie auf der 46. Essener Tagung für Wasser- und Abfallwirtschaft 13. bis 15. März in Aachen.

[14] http://www.rff.org/RFF/Documents/RFF-Rpt-PathwaystoDialogue_FullReport.pdf Zugegriffen am 16. April 2014.

[15] http://www.pnas.org/content/early/2013/03/06/1213871110.full.pdf+html?sid=7ea9b623-3239-4058-a313-56301c93c9ae Zugegriffen: 16. April 2014.

[16] in einem Interview mit Radio Deutschland Kultur Zugegriffen: 16. April 2014.

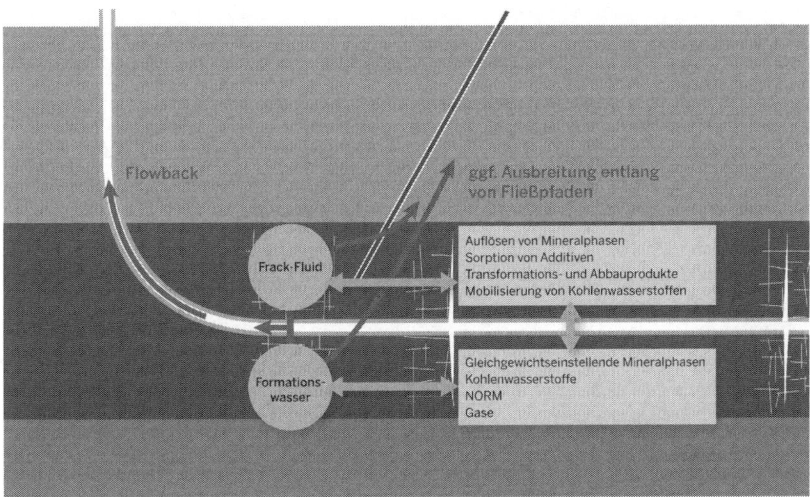

Abb. 6.2 Formationswasser und Flow-Back beim Fracking-Vorgang. (Quelle: Meiners/Bergmann/Bucholz, Vortrag auf der 46. Essener Tagung für Wasser- und Abfallwirtschaft 13. bis 15. März in Aachen)

mit diesen gelösten Salzen halbwegs fertig. Was wir davon in den Flüssen finden, stammt aus diesen Kläranlagen: Es ist das behandelte Abwasser, das sie in die Flüsse und Ströme leiten." Unterhalb der Kläranlagen steigt die Salzfracht um zehn Prozent. Das könne die Ökosysteme direkt schädigen und außerdem Schwermetalle oder Phosphate aus dem Sediment mobilisieren. Entfernen lässt sich diese Salzfracht nur mit Entsalzungsanlagen. In Deutschland muss das Niederschlagswasser von Bohrplätzen aufgefangen werden. Fracking-Fluid gilt zudem als Sondermüll und darf nicht in Kläranlagen aufbereitet werden.

Wasserverbrauch bei den Bohrstellen „Der Wasserbedarf der Energieerzeugung wird voraussichtlich doppelt so stark steigen wie der Energiebedarf selbst, prognostiziert die IEA in World Energy Outlook 2012. Und nennt unter anderem die Schiefergasförderung in den USA als besonders betroffene Region (siehe auch Abb. 6.3).[17]

Den enormen Wasserverbrauch bei Fracking-Bohrungen kritisieren auch Umweltschützer. „10 bis zu über 50 Mio. l pro Frack-Vorgang und jedes einzelne Bohrloch wird bis zu 20-mal gefrackt", nennt Greenpeaceexperte von Lieven Zahlen.

Laut Risikostudie des Expertenkreises von Exxon „kann man bei 300 Bohrlöchern und knapp 4.000 Fracks im Schiefergas von einem Wasserverbrauch von

[17] IEA World Energy Outlook 2012, S.10, deutsche Zusammenfassung.

	Water consumption	
	Production	Refining
Natural gas		
Conventional gas	0.001 - 0.01	
Conventional gas with fracture stimulation	0.005 - 0.05	
Tight gas	0.1 - 1	
Shale gas	2 - 100	
Oil		
Conventional oil*	0.01 - 50	5 - 15
Conventional oil with fracture stimulation*	0.05 - 50	5 - 15
Light tight oil	5 - 100	5 - 15

Source: IEA analysis

Abb. 6.3 Wasserverbrauch für konventionelle und unkonventionelle Gas- und Ölförderung. (Quelle: IEA)

etwa 6 Mio. m³ ausgehen. „Das ist eine Menge, wie sie eine Stadt wie Osnabrück etwa in einem Jahr verbraucht. Bis 2030 werden 1,2 Mio. m³ Abwasser angefallen sein. Wenn dieses nicht wiederverwendet wird, wird es komplett entsorgt werden."

Die Industrie befasst sich inzwischen bereits mit Wiederaufbereitungsmaßnahmen des Frac-Wassers. „Bis zu 200.000 US-Dollar Einsparung und 1000 Lastwagen weniger auf der Straße", beziffert Advanced Resources International das Potenzial (siehe auch Kapitel 1.1)

6.1.2 Humantoxologische Risiken

Berichten aus den USA zufolge leiden Anwohner sowie Nutztiere in Gegenden, wo Shale Gas mit Hilfe von Fracking gefördert wird, unter Hautproblemen, Schwellungen der Leber und anderen Krankheiten. In einer Studie der Cornell University wurden Besitzer kranker Tiere in einigen Staaten unter anderen in Colorado, Louisiana, Ohio, Pennsylvania und Texas, Gegenden wo gefrackt wurde, befragt. Fazit der Wissenschaftler: „We have a number of case studies – they don't tell us about the prevalence of problems associated with hydraulic fracturing, but they do tell us how things can happen", sagt Robert Oswald, Professor für Molekular-Medizin Cornell's College of Veterinary Medicine.[18] Ein Farmer etwa hatte 60 Kühe auf einer Weide, auf die Fracking-Abwasser gelangte, grasen lassen, andere 36 an einem an-

[18] www.news.cornell.edu/stories/2012/03/reproductive-problems-death-animals-exposed-fracking Zugegriffen: 31.5.2014

deren Ort, wo nicht gefrackt wurde. Von der ersten Gruppe verendeten 21 der Tiere und 16 bekamen im folgenden Frühling keine Jungen, die 36 der anderen Gruppe bleiben alle gesund.

Inwieweit Krankheiten tatsächlich ursächlich mit dem Einsatz der Fracking-Technologie in Verbindung zu bringen sind, soll in weiteren Studien untersucht werden, aus humantoxologischer Sicht besteht noch großer Forschungsbedarf.

Die Analyse der Fracking-Additive Fest steht bislang nur, dass die Möglichkeit besteht. Denn ein Teil der eingepressten Fracking-Additive in den Fluids ist toxisch. In der Exxon-Risikostudie wurde jede einzelne Substanz untersucht. Bei jedem Frack werden mit dem Wasser in etwa 6,5 t Chemikalien in die Gesteinsschicht gepresst. Die Chemikalien sollen jegliches organisches Wachstum in den Rohren und in den Gasblasen verhindern. „Die bisher von Exxon Mobile bei Erdgas-Bohrungen in Deutschland eingesetzten Frack-Flüssigkeiten enthalten eine Reihe von Additiven, die im Sinne der CLP-Verordnung[19] als gefährliche Stoffe eingestuft sind[20]", kommentieren die Experten das Ergebnis.

Die Fracking-Additive wurden im Einzelnen wie folgt eingestuft (siehe Abb. 6.4).

Als eine der Hauptgefährdungsquellen bezeichnen die Autoren das krebserregende Benzol: „Die meisten Bestandteile des Flow-Backs, für das der Arbeitsgruppe Analysenwerte vorlagen, unterschreiten bei einer Verdünnung von etwa 1:100 Festlegungen im Trinkwasser- oder Gewässerbereich. Besonders kritisch zu sehen sind im Falle des Flow-Backs die Komponenten Quecksilber und Benzol, bei denen eine Verdünnung von 1:100.000 erforderlich wäre … sowie die polycyclischen aromatischen Kohlenwasserstoffe (PAK) mit einer erforderlichen Verdünnung von 1:1.000.000."[21] Benzol ist krebserregend, in Deutschland als Lösungs- und Reinigungsmittel verboten und gilt nach der EU-Gefahrenstoffkennzeichnung als giftig. Gelangt der aromatische Kohlenwasserstoff ins Grundwasser, darf es nicht mehr genutzt werden.

Ferner sind toxische Biozide (siehe Abb 6.4, Wassergefährdungsklasse 3, Abk. WGK), die stark wassergefährdend sind und sonst lediglich zur Schädlingsbekämpfung genutzt werden, nach Expertenmeinung höchst bedenklich.

---

[19] CLP, Gefahrstoffkennzeichnung – Classifizierung für chemische Stoffe mit gefährlichem Inhalt.

[20] Humantoxikologische Bewertung der beim Fracking eingesetzten Chemikalien im Hinblick auf das Grundwasser, das für die Trinkwassergewinnung genutzt wird auf http://dialog-erdgasundfrac.de/files/Humantoxikologie_GutachtenEndversion.pdf. Zugegriffen: 22. April 2013.

[21] Fritz H. Frimmel, Ulrich Ewers, Mechthild Schmitt-Jansen, Birgit Gordalla und Rolf Altenburger, Toxikologische Bewertung von Fracking-Fluiden in Wasser und Abfall, 6/2012, S. 27.

Bestandteil	CAS-Nr.	Beim Fracking eingesetzte Masse in kg			Gefährdungspotential	WKG
		BT12	CZ3a	D3		
Wasser	7732-18-5	218550	3207250	12075000	Nicht gefährlich	
Stützmittel	66402-68-4	85500	512530	588000	Nicht gefährlich	1
Kohlendioxid	124-38-9	–	810000	–	Nicht gefährlich	
2-Butoxyethanol	111-76-2	1190	19215	–	Gesundheitsschädlich bei Einatmen, Hautkontakt und Verschlucken, verursacht Hautreizungen und schwere Augenreizung	1
Amphotere Alkylamine	–	–	783	–	Verursacht Hautreizungen und schwere Augenreizung	k. A.
CMHPG-Polymer	–	716	11575	–	Nicht gefährlich	k. A.
Diammonium-peroxodisulfat	7727-54-0	–	590	–	Gesundheitsschädlich beim Verschlucken, Feuergefahr bei Berührung mit brennbaren Stoffen, reizt die Augen, Atmungsorgane und die Haut Sensibilisierung durch Einatmen und Hautkontakt möglich	1
Essigsäure	64-19-7	–	657	–	Flussigkeit und Dampf entzundbar, verursacht schwere Verätzungen der Haut und schwere Augenschäden	1
Ethoxylierte Alkohole	–	40	1282	–	Nicht gefährlich	2
Glykolether	–	40	–	–	Gesundheitsschädlich bei Einatmen, Hautkontakt und Verschlucken, verursacht schwere Augenschäden	1
Kaliumchlorid	7447-40-7	3216	–	–	Nicht gefährlich	1
Kathon (Biozid)[a)]	55965-84-9	1,2	18	46	Sehr giftig fur Wasserorganismen mit langfristiger Wirkung, giftig bei Einatmen, Hautkontakt, Verschlucken, Verursacht schwere Verätzungen der Haut und schwere Augenschäden, kann allergische Hautreaktionen verursachen	3
Leichte Erdöldestillate, mit Wasserstoff behandelt	64742-47-8	–	–	2640	Kann bei Verschlucken und Eindringen in die Atemwege tödlich sein	1
Magnesiumchlorid	7786-30-3	0,5	8	23	Nicht gefährlich	1
Magnesium-nitrat	10377-60-3	1,2	18	46	Feuergefahr bei Beruhrung mit brennbaren Stoffen, reizt die Augen, Atmungsorgane und Haut	1
Methanol	67-56-1	–	2864	–	Giftig bei Einatmen, Hautkontakt, Verschlucken, Flussigkeit und Dampf leicht entzundbar, schädigt die Organe	1
Natriumbromat	7789-38-0	90	1036	–	Gesundheitsschädlich beim Verschlucken, starkes Oxidations-mittel; kann Brand oder Explosion verursachen, Verursacht Hautreizungen und schwere Augenreizung, Verursacht schwere Augenreizung	1
Natriumhydro-gencarbonat	144-55-8	57	693	–	Nicht gefährlich	1
Natrium-hydroxid	1310 -73-2		167	–	Verursacht schwere Verätzungen der Haut und schwere Augenschäden	1

Bestandteil	CAS-Nr.	Beim Fracking eingesetzte Masse in kg			Gefährdungspotential	WKG
		BT12	CZ3a	D3		
Natriumtetraborat	1330-43-4	12	103	–	Kann die Fruchtbarkeit beeinträchtigen oder das Kind im Mutterleib schädigen	1
Natriumthiosulfat	10102-17-7	771	459	–	Nicht gefährlich	1
Polyethylenglycol-octylphenylether	9036-19-5	–	–	440	Verursacht schwere Augenschäden[b])	k. A.[c])
Propan-2-ol	67-63-0	40	–	–	Flüssigkeit und Dampf leicht entzündbar, verursacht schwere Augenreizung, kann Schläfrigkeit und Benommenheit verursachen	1
Puffer	–	90	1443	–	Nicht gefährlich	k. A.
Tetraethylen-pentamin	112-57-2	160	702	–	Giftig für Wasserorganismen mit langfristiger Wirkung, gesund-heitsschädlich bei Hautkontakt und Verschlucken, verursacht schwere Verätzungen der Haut und schwere Augenschäden, kann allergische Hautreaktionen verursachen	2
Tetramethyl-ammoniumchlorid	75-57-0	–	2887	6367	Giftig beim Verschlucken, gesundheitsschädlich bei Haut-kontakt, verursacht Hautreizungen und schwere Augenreizung, kann die Atemwege reizen	1
Triethanolamin	102-71-6	72	622	–	Nicht gefährlich	1
Zirkondichlorid-oxid	7699-43-6	12	–	–	Verursacht schwere Verätzungen der Haut und schwere Augenschäden	1
Zitrusterpene[d])	94266-47-4	40	–	–	Sehr giftig für Wasserorganis-men mit langfristiger Wirkung, Flussigkeit und Dampf entzünd-bar, verursacht Hautreizungen Kann allergische Hautreaktionen verursachen	k. A.

B T12 – Buchhorst T12, C Z3a – Cappeln Z3a, D 3 – Damme 3. WGK – Wassergefährdungsklasse. k. A. – Keine Angabe. a) Gemisch aus 5-Chlor-2-methyl-3H-isothiazol-3-on und 2-Methyl-2H-isothiazol-2-on im Verhältnis 3 : 1. | b) Einstufung nach Herstellerangaben | c) Bei der Selbsteinstufung durch Hersteller finden sich Angaben zwischen WGK 1 und WGK 3 | d) Einstufung entsprechend der Einstufung von Limonen, das vermutlich Hauptbestandteil von Gemischen aus Zitrusterpenen ist

Abb. 6.4 Tabelle der Bestandteile von Fracking-Fluids, Einsatzmengen und die wichtigsten Gefährlichkeitsmerkmale am Beispiel dreier Frackvorgänge. (Quelle: in Fritz H. Frimmel, Ulrich Ewers, Mechthild Schmitt-Jansen, Birgit Gordalla und Rolf Altenburger, Toxikologische Bewertung von Fracking-Fluiden in „Wasser und Abfall", 6/2012)

„Die Bewertung der ausgewählten Frack-Fluide kommt zu dem Ergebnis, dass diese hohe beziehungsweise mittlere bis hohe human- und ökotoxikologische Gefährdungspotenziale aufweisen. Auch für die beiden weiterentwickelten Frack-Fluide ist v. a. aufgrund der hohen Einsatzkonzentration eines Biozids und dessen lückenhafter Bewertungsgrundlage von einem hohen Gefährdungspotenzial auszugehen", lautet das Fazit von Experten nach der Auswertung der vom Bundesumweltministerium (BMU) und dem Land Nordrhein-Westfalen in Auftrag gegebenen Gutachten.[22]

In seiner Schlussbetrachtung rät das Expertenteam des Neutralen Expertenkreises bei weiteren Fracking-Maßnahmen ein umfassendes Grundwasser-Monitoring durchzuführen und „entsprechend den Vorgaben des Umwelt-Informationsgesetzes der Öffentlichkeit zur Verfügung zu stellen".[23]

6.1.3 Die Klimabilanz

Während mit herkömmlichen Verfahren gefördertes Erdgas beim Verbrennen 60 Prozent weniger klimaschädliches Kohlendioxid als Kohle und ein Drittel weniger als Öl emittiert, werden der Schiefergasförderung weitaus höhere Werte zugeschrieben. Wie hoch genau die Werte sind, darüber gibt es bisher keine umfänglich fundieren Daten. Knackpunkt ist aber das Treibhausgas Methan, Hauptbestandteil von Erdgas, das beim Fracken in die Atmosphäre gelangt. Denn das in der Rückflussphase produzierte Gas wird in die Atmosphäre entlassen, es wird sozusagen abgefackelt.[24] Während dieses Vorgangs wird Methan in Kohlendioxid verwandelt, was ebenfalls zu den umweltschädlichen Treibhausgasen zählt – und das 25-mal[25] so klimaschädlich ist wie Kohlendioxid. Das Wissenschaftsmagazin „Nature" berichtete von einer Studie des NOAA's Earth System Research Laboratory, in der Forscher nachgewiesen haben, dass an den Fracking-Bohrstellen in Denver vier Prozent des geförderten Methans in die Atmosphäre gelangte, bei anderen Bohrungen, etwa in Utah waren es sogar neun Prozent.[26]

Nach Meinung des US-Professors an der Fakultät „Civil and Environmental Engineering" der Universität Cornell in Staat New York, Anthony Ingraffea, ehemaliger Ingenieur und Industrie–Insider, heute vehementer Fracking-Gegner, ist

---

[22] Dr. H. Georg Meiners (ahu AG), Dr. Axel Bergmann (IWW), Dr. Georg Buchholz (GGSC), aus dem Vortrag Risiken der Fracking-Technologie für das Grundwasser und die Trinkwasserversorgung – Ergebnisse der NRW- und UBA-Studie – auf der 46. Essener Tagung für Wasser- und Abfallwirtschaft im März in Aachen.

[23] http://dialog-erdgasundfrac.de/files/Humantoxikologie_GutachtenEndversion.pdf. Zugegriffen: 1. Juni 2014.

[24] http://www.shale-gas-information-platform.org/de/deutsch/grundlagen.html. Zugegriffen: 1. Juni 2014.

[25] Forscher at the National Oceanic and Atmospheric Administration (NOAA) geben den Wert mit 25 an, sonst oft 21.

[26] http://www.nature.com/news/methane-leaks-erode-green-credentials-of-natural-gas-1.12123. Zugegriffen: 1. Juni 2014.

die Öl- und Gasindustrie die größten Quelle für Methanemissionen in den USA. „Noch vor ein paar Jahren war das die Landwirtschaft. Jetzt stammen 49 Prozent der Methanemissionen aus Lecks bei der Öl- und Gasförderung. Wenn nur zwei bis drei Prozent bei der Produktion verloren gehen, dann verdoppelt das den Treibhauseffekt der Erdgasverbrennung. Gibt es also einen Gewinn für den Klimaschutz? Auf Grundlage der wissenschaftlichen Erkenntnisse und Daten, die wir bisher haben, ist es im besten Fall ein Nullsummenspiel. Es gibt keinen Vorteil."[27]

Forscher halten das Problem für beherrschbar. Auf der Internetseite des Helmholtz Zentrums Potsdams etwa steht zu lesen: „Mit heute verfügbaren Technologien, sogenannten Reduced Emission Completions (REC), kann das austretende Gas am Bohrloch aufgefangen werden. RECs werden von den Shale-Gas-Produzenten aus verschiedenen Gründen zunehmend angewendet. Zu diesen Gründen zählen der Umweltschutz, aber auch der Erlös aus dem Verkauf des aufgefangen Erdgases" (siehe auch Kapitel 1.1).

Hingegen kam die Studie der MIT Energy Initiative des Massachusetts Institute of Technology mit dem Titel „Shale gas production: potential versus actual greenhouse gas emissions", zu dem Ergebnis, dass sich die Methanwerte in der Nähe von Fracking-Bohrungen nicht wesentlich verändert haben.

4000 Bohrungen wurden im Jahr 2010 untersucht. „Der Treibhauseffekt der Gasproduktion überhaupt ist bedenklich, aber es ist festzustellen, dass sich die Werte mit dem Einsatz der Schiefergasförderung nicht wesentlich geändert haben."[28]

Doch selbst in der vom Erdgas-Förderer Exxon-Mobil in Auftrag gegebenen Risikostudie ist zu lesen, dass Fracking einen um 30 bis 183 Prozent größeren ökologischen Fußabdruck als konventionelle Erdgasförderung hinterlasse.

Fest steht: „Treibhausgas-Mehremissionen gegenüber konventionellem Erdgas bei der Förderung von Schiefergas ergeben sich auch aus einer erhöhten Anzahl von Bohrungen, aufwendigeren Bohrungen, dem hydraulischen Aufbrechen des Gebirges, Transportaufwand für Wasser, Abwasser ..."[29]

6.1.4 Effekte auf Landschaft, Flora und Fauna

Der Eingriff in das Erscheinungsbild der Umgebung bei Fracking-Bohrungen ist massiv – wo ehemals Landschaft das Bild dominierte, entsteht ein Industriegebiet.

---

[27] Texas im Öl- und Gasrausch, Dirk Asendorpf auf Radio Deutschland Kultur am 2. Dezember 2012.

[28] http://iopscience.iop.org/1748-9326/7/4/044030/pdf/1748-9326_7_4_044030.pdf. Zugegriffen: 1. Juni 2014.

[29] Studie des UBM, Einschätzung der Schiefergasförderung in Deutschland vom 12. August 2013, S.5.

Verlierer sind oft die Anwohner. Im Barnett Shale in Nordtexas wurden beispielsweise bis 2010 auf einer Fläche von 13.000 Quadratkilometern fast 15.000 Bohrlöcher in die Erde getrieben, also etwa auf der Fläche Schleswig-Holsteins.[30]

Und auch die Fachleute zum Themenkreis „Landschaft Flächeninanspruchnahme, (oberirdische) Infrastruktur, Betrieb“ des neutralen Expertenkreises von Exxon Mobil legen ähnliche Zahlen vor: Flächenbedarf: ca. 1 ha (10 bis 20 Bohrungen); (worst case: 1 Bohrplatz auf ca. 2 bis 4 Quadratkilometer).

Das Erscheinungsbild wird auf 400 bis 600 m sichtbar geprägt durch die Bohranlage (26,8 bis 38,5 m hoch). Das erhöhte Verkehrsaufkommen auf einem Hektar Fläche, geeignet für 10 bis 20 Bohrungen wird mit ca. 30 bis 60 Lkw/Woche veranschlagt; während der Auf-/Abbauvorgängen ist mit bis zu rund 100 LKW/Woche zu rechnen.

Das Landschaftsbild geprägt von Bohrtürmen bleibt für 15 bis 30 Jahre bestehen, auf diesen Zeitraum ist die Förder-/Betriebszeit von den Unternehmen in Durchschnitt angelegt. Die Bohrarbeiten würden auch bei Nacht durchgeführt. Wegen der permanenten Beleuchtung und des Lärms wäre die örtliche Fauna sowie die Biodiversität gefährdet, wie das Gutachten des Sachverständigenrats für Umweltfragen vom Mai 2013[31] darlegt.

In Gebieten, in denen die Anwohner etwa im Tourismusbereich tätig sind, ist mit Einbußen zu rechnen.

6.1.5 Die seismischen Risiken

Im Gegensatz zu natürlichen Erdbeben, bei denen es sich um Bewegungen der Erdkruste entlang vorhandener Schwächezonen handelt, werden als „induzierte Seismizität“ Brüche bezeichnet, die unmittelbar in der Lagerstätte, als Folge des Eingriffs in den Untergrund entstehen. „Diese Art der seismischen Aktivität ist beim Fracking gewünscht und liegt in der Regel nur knapp über der Messbarkeitsgrenze. Sie wird vom Menschen nicht wahrgenommen“, definiert die Bundesanstalt für Geowissenschaften und Rohstoffe Seismizität als Folge von Fracking-Bohrungen.

Experten gehen dennoch davon aus, dass Frack-Vorgänge in vorgespannten Formationen oder bei Vorliegen von weitreichenden und großflächigen Störungen zu messbaren seismischen Ereignissen in der Größenordnung von bis zu einem Wert von 2,3 (Richterskala) an der Oberfläche führen können. Schäden an der Oberfläche durch Frack-Vorgänge konnten aber bislang nicht konkret nachgewie-

[30] http://www.heise.de/tp/artikel/38/38832/1.html. Zugegriffen: 14. Juni 2014.

[31] Sachverständigenrat für Umweltfragen Fracking zur Schiefergasgewinnung Ein Beitrag zur energie- und umweltpolitischen Bewertung vom 31. Mai 2013, S. 34 auf der Internetseite des SVR www.umweltrat.de.

sen werden. Durch das Verpressen von Abwasser nach Fracking-Bohrungen wurde hingegen nach Auffassung von US-Geologen der Columbia University[32] die Erdbebenserie im Bundesstaat Oklahoma ausgelöst. In Teilen von Arkansas, Texas, Ohio und Colorado sind stark gestiegene Erbebenvorfälle zu verzeichnen, in den letzten zehn Jahren um ein Zehnfaches. Die Forscher gehen davon aus, dass die Steigerung ihre Ursache in induzierten Beben hat und rufen dazu auf, nunmehr verstärkt konkret nach Ursachen zu suchen. Von Menschen erzeugte Erdbeben, so die Forscher, seien keine Novität. Vorfälle sind bereits aus den 1960ern bekannt, als die Armee durch Abfallverpressung ein Beben auslöste, das in Denver einen großen Schaden anrichtete.

Die gestiegenen Anzahl von Beben – so interpretieren einige Forscher die Studie, könnte zeitlich mit der Ausweitung des Fracking in den USA im Zusammenhang stehen. „Die Zukunft wird uns wohl noch mit mehr induzierten Beben überraschen, wenn der Gas-Boom anhält", sagt Forscher Art McGarr vom US Geological Survey's Earthquake Science Center.[33]

Prof. Dr. Manfred Joswig, Institut für Geophysik, Universität Stuttgart, der die Arbeitsgruppe Induzierte Seismizität des Forschungskollegiums Physik des Erdkörpers (FKPE e.V.) leitet: „Die Größe bzw. Magnitude induzierter Erdbeben korreliert in erster Linie mit dem eingepressten Flüssigkeitsvolumen. Das ist bei Fracking sehr klein, bei Verpressung von Lagerstättenwässern im Verlauf von Jahrzehnten unter Umständen aber sehr groß. Bei Hunderttausenden von Fracks gibt es nur in Ausnahmefällen spürbare Erdbeben, während bei Verpressung in vorgespannter Tektonik auch größere Beben mit erheblichem Sachschadenspotential bekannt sind."[34]

6.2 Die ökonomischen Faktoren

6.2.1 Fracking ist nicht wirtschaftlich

Nach der Veröffentlichung des U.S. EIA Annual Energy Outlook 2012 (early release) waren die Zahlen der Schiefergasreserven weltweit euphorisch: In den USA wird mit über 482 Bio. (1012) Kubikfuß (trillion cubic feet, Tcf) Schiefergas gerechnet, in Deutschland bescheinigte die Bundesanstalt für Geowissenschaften und Rohstoffe (BGR) insgesamt ein potenzielles Volumen an Schiefergas in der

[32] http://www.earth.columbia.edu/articles/view/3072. Zugegriffen: 25. Mai 2014.

[33] http://www.technologyreview.com/news/508151/studies-link-earthquakes-to-wastewater-from-fracking/Zugegriffen: 25. Mai 2014.

[34] http://stateimpact.npr.org/texas/tag/earthquake/Zugegriffen: 24. Mai 2014, auf dieser Seite weitere Fracking-Vorfälle.

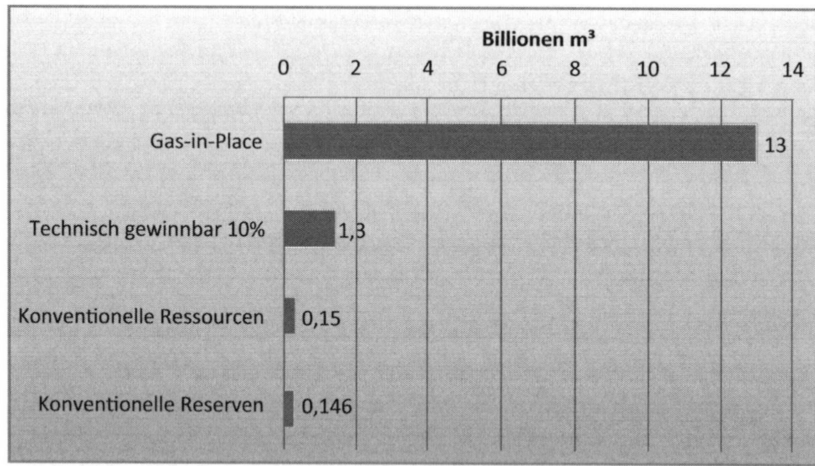

Abb. 6.5 In-Place und davon geschätzte, technisch förderbare Ressourcen, sowie die konventionellen Gasressourcen und -reserven. (Quelle: Bundesanstalt für Geowissenschaften und Rohstoffe (BGR))

Größenordnung von 13 Bio. m^3 berechnet (Gas-in-Place). Bei den Aussichten für die Ausbeute schraubte der BGR die Erwartungen jedoch deutlich runter: Die technisch gewinnbaren Mengen, die Schiefergasressourcen, werden auf nur 10 Prozent des Gas-In-Place geschätzt (siehe Abb. 6.5)

Im Auftrag des Bundesministeriums für Wirtschaft und Technologie untersuchen die Rohstoffexperten in der „NIKO"-Studie[35] – (Projektkürzel für Nichtkonventionelle Kohlenwasserstoffe) das Potenzial an Schieferöl und Schiefergas in Deutschland (Projektende 2015). Die Berechnungen der Förderpotentiale werden auf rein theoretischer Rechenbasis erstellt (etwa in Deutschland, bei dem die Berechnungen auf „großmaßstäblichen Annahmen und Vereinfachungen der geologischen Gegebenheiten" erfolgten, laut Projektleitung. Schlussendlich aber bringt erst die Exploration vor Ort Klarheit.

Der Bericht des Sachverständigenrats für Umweltfragen vom Mai 2013 verweis darüber hinaus auf die Tatsache, dass in den USA langfristig nur ca. 20 Prozent der gewinnbaren Schiefergasreserven gefördert werden, das hieße für Deutschland, dass sich der Gasbedarf maximal für fünf Jahre decken ließe.

Uwe Albrecht, Geschäftsführer der Ludwig-Bölkow-Systemtechnik (LBST), einem international tätigen Beratungsunternehmen für nachhaltige Energie und

[35] http://www.bgr.bund.de/DE/Themen/Energie/Projekte/laufend/NIKO/NIKO_projektbeschreibung.html. Zugegriffen: 26. April 2013.

Mobilität in München, das zu den Trägern der Studie gehört, verweist darüber hinaus in der „Wirtschaftswoche“[36] darauf, dass die Förderquoten im Verlauf der Bohrungen immer geringer werden. Um eine gewisse Menge zu gewinnen, muss um ein Vielfaches mehr gefrackt werden. So wird der Aufwand im Verhältnis zum Ertrag immer größer, die Produktionskosten steigen, was sich am Ende auf den Verbraucherpreis niederschlägt. „Das macht Fracking grundsätzlich deutlich teurer als konventionelle Gasförderung“, sagt Albrecht.[37]

Und Laut Werner Zittel, ebenfalls Ludwig-Bölkow-Systemtechnik GmbH , betrug „der Förderbeitrag je Bohrung 3,5 Mio. m^3/a. Bis Januar 2014 nahmen weitere 800 Bohrungen die Förderung auf. Doch die Förderung ist bereits um 20 Prozent gefallen, der Förderbeitrag je Sonde betrug im Januar 2014 hochgerechnet auf das ganze Jahr nur noch 2,8 Mio. m^3“.[38] Und auch David Hughes vom Post Carbon Institute zeigt, dass die neuen Quellen rasch versiegen und immer schwerer ersetzt werden können. Die „Sweet Spots“, Förderstätten mit besonders großem Potenzial, gehen zur Neige. „Schon 2016 könnte der Boom seinen Höhepunkt überschreiten“, prophezeit auch Hughes.

6.2.2 Gaspreise sinken nicht dauerhaft

Während die Gaspreise zu Beginn der unkonventionellen Förderung in den USA in der Tat purzelten (laut einer Studie der Wirtschaftsanalysten von IHS in den USA spart ein amerikanischer Durchschnittshaushalt dank des preiswerten Gases 926 $ pro Jahr im Zeitraum von 2012 and 2015[39]), ist ab 2015 mit einer deutlichen Preissteigerung zu rechnen.

Grund sind die zu erwartenden Mehrkosten auf Grund der verschärften Umweltgesetze, die 2015 in Kraft treten sollen und so die Produktionskosten erhöhen werden (siehe Abb. 6.6).[40]

Für Europa und Deutschland hat die niedrige Gaspreis zunächst den umgekehrten Effekt: Der gesunkene Weltmarktpreis für Steinkohle macht die Stromerzeugung in Kohlekraftwerken billiger und kann so den Energiemix in Deutschland

[36] http://green.wiwo.de/fracking-in-deutschland-drei-grunde-warum-es-nichts-bringt/ Zugegriffen: 28. März 2013.

[37] Werner Zittel: „Fracking von Öl- und Gasquellen: ‚Game Changer“ oder Endspiel?, Energy Watch Group, 2014

[38] http://www.theguardian.com/environment/earth-insight/2014/may/22/two-thirds-write-down-us-shale-oil-gas-explodes-fracking-myth Zugegriffen: 13. Juni 2014

[39] http://press.ihs.com/press-release/energy-power/shale-gas-supports-more-600000-american-jobs-today-2015-shale-gas-predict zugegriffen: 31. Juni 2014

[40] http://www.eia.gov/forecasts/aeo/MT_naturalgas.cfm#natgas_prices. Zugegriffen: 26. April 2013.

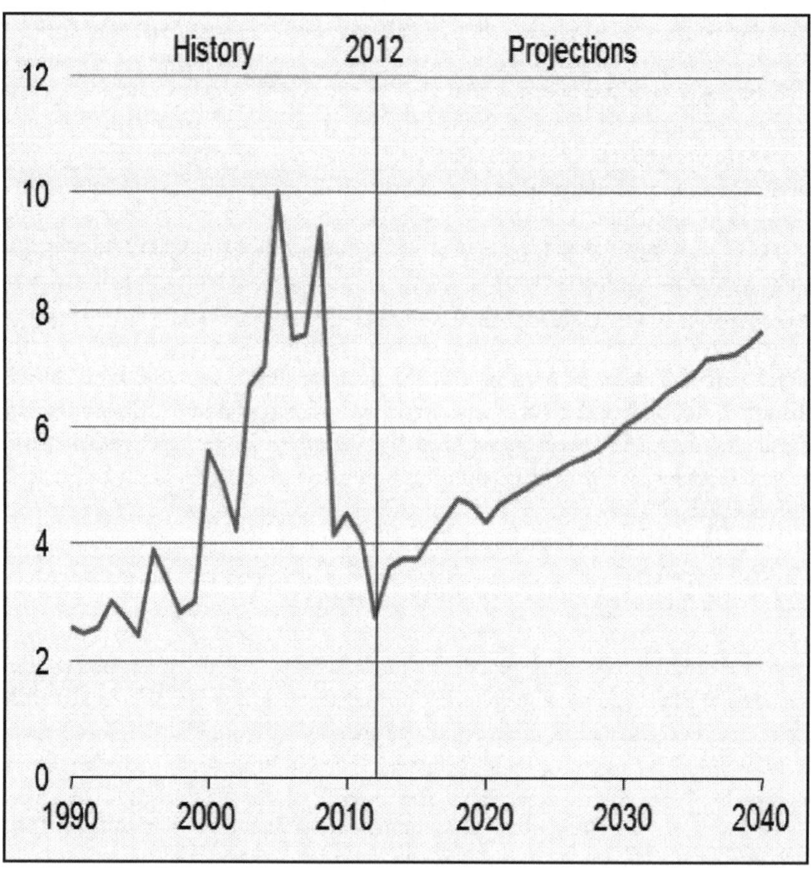

Abb. 6.6 Henry Hub Spot Natural Gaspreis, 1990–2040 (2011 dollars per million Btu). (Quelle: Annual average Henry Hub spot natural gas prices in the Reference case, 1990–2040: History: U.S. Energy Information Administration, *Natural Gas Annual 2012*, DOE/EIA-0131(2012) (Washington, DC, December 2013). Projections: AEO2014 National Energy Modeling System, run REF2014.D102413A.)

beeinflussen. Die Bundesanstalt für Geowissenschaften und Rohstoffe, geht davon aus, dass Schiefergas einen Beitrag zur Kompensation des Förderrückgangs heimischen Erdgases liefern könnte, doch weder ein Anstieg der Erdgasproduktion wie in den USA ist zu erwarten, noch ist eine rasche und deutliche Senkung der Erdgaspreise in Europa durch die Gewinnung unkonventionellen Erdgases im großen

Stil wahrscheinlich. Auch der Sachverständigenrat für Umweltfragen, sieht beim Endverbraucher keinen Preisvorteil.[41]

6.2.3 Kein Wettbewerbsvorteil durch Preiseffekt

In den USA führten die niedrigen Primärenergiepreise vorübergehend zu niedrigeren Verbraucherpreisen und erhöhter Nachfrage, für Unternehmen in den USA sanken die Industriegaskosten seit 2010 um ca. 30 Prozent und die Stromkosten um etwa 1 Prozent. Deutsche Unternehmen dagegen mussten Preisanstiege von ca. 15 Prozent für Gas und 10 Prozent für Strom hinnehmen.[42]

Der im Vergleich zu Deutschland niedrige Gaspreis in den USA ist auch der derzeitigen Überversorgung des Marktes mit Gas durch Fracking geschuldet. Denn die Marktpreise in Nordamerika liegen aktuell weit unter den Förderkosten, die Gasproduzenten dort schreiben im reinen Fördergeschäft Verluste.[43]

Und dennoch stellen die Preiseffekte auf das Erdgas langfristig keinen Wettbewerbsvorteil dar, dokumentiert eine Untersuchung der Kreditanstalt für Wiederaufbau, Economic Research, präsentiert im Diskussionspapier „Fracking: Wer nicht ‚frackt', verliert?". „Ein Vergleich zwischen Deutschland und den USA zeigt, dass der Erzeugerpreis-Index in beiden Ländern einen ähnlichen Verlauf zeigt, trotz des Gaspreisvorteils der USA." Freilich hängt das davon ab, wie hoch der Energieanteil des Unternehmens an den Gesamtkosten ist (Ausnahmen bilden hier die Chemische Industrie, die Nichtmetall-Industrie, also Glas und Keramik, Verarbeitung von Steinen und Erden, die Papierherstellung, die metallerzeugende Industrie (siehe auch Kapitel 5) „Die divergenten Primärenergiepreisentwicklungen in den USA und Deutschland, insbesondere bei Gas, wirken sich kaum auf die internationale preisliche Wettbewerbsposition aus (Tab. 6.1).

„Die deutsche Volkswirtschaft ist im Vergleich zu den USA energieeffizienter", lautet die Erklärung in dem Diskussionspapier.[44]

---

[41] Sachverständigenrat für Umweltfragen Fracking zur Schiefergasgewinnung Ein Beitrag zur energie- und umweltpolitischen Bewertung vom 31. Mai 2013 auf der Internetseite des SVR www.umweltrat.de.

[42] Dr. Tobias Rehbock, Fracking: Wer nicht frackt, verliert?", KfW, Focus Wirtschaft, https://www.kfw.de/Download-Center/Konzernthemen/Research/PDF-Dokumente-Fokus-Volkswirtschaft/Fokus-Nr.-19-April-2013-Rohstoffe_Wettbewerb.pdf. Zugegriffen: 10. Juni 2013.

[43] http://green.wiwo.de/amter-bundes-plattform-soll-nachhaltigen-einkauf-sicherstellen/ Zugegriffen: 28. März 2013.

[44] ebenda. „BIP in Deutschland steigt seit 1990 um ca. 50 Prozent, während der Primärenergieeinsatz um ca. 10 Prozent zurückging. In den USA dagegen ist der Primärenergieverbrauch im selben Zeitraum angestiegen (+ 15 Prozent bei einem BIP-Anstieg von ca. 65 Prozent)."

Tab. 6.1 Produzentenindizes: Energiepreiskomponenten. (Quelle: für Deutschland: Statistisches Bundesamt (Destatis) / für USA: Bureau of Labor Statistics (BLS))

Energiepreiskomponenten im Produzentenpreisindex

	Deutschland		USA			
			Crude Energy		Intermediate Energy	
	Index	2010=100	Index	2010=100	Index	2010=100
Jan-10	115.6	100.00	241.5	100.00	183.2	100.00
Feb-10	114.9	99.39	229.8	95.16	177.4	96.83
Mar-10	116.7	100.95	226.8	93.91	182.9	99.84
Apr-10	118.3	102.34	216	89.44	185.8	101.42
May-10	118.0	102.08	205.9	85.26	188.5	102.89
Jun-10	119.7	103.55	207.7	86.00	187.3	102.24
Jul-10	121.2	104.84	216.1	89.48	188.4	102.84
Aug-10	120.3	104.07	217.7	90.14	190.8	104.15
Sep-10	120.5	104.24	199	82.40	189.8	103.60
Oct-10	121.4	105.02	207.9	86.09	191.5	104.53
Nov-10	121.7	105.28	207.3	85.84	192.4	105.02
Dec-10	123.5	106.83	225.1	93.21	195.7	106.82
Jan-11	126.4	109.34	232	96.07	199.5	108.90
Feb-11	127.5	110.29	229.1	94.87	204.7	111.74
Mar-11	129.0	111.59	241.5	100.00	216.6	118.23
Apr-11	132.3	114.45	260.6	107.91	223.6	122.05
May-11	131.6	113.84	251.9	104.31	229.4	125.22
Jun-11	131.5	113.75	246.9	102.24	229.1	125.05
Jul-11	134.0	115.92	249.9	103.48	230.8	125.98
Aug-11	133.2	115.22	231	95.65	224.1	122.33
Sep-11	133.9	115.83	235.6	97.56	226	123.36
Oct-11	135.2	116.96	229.8	95.16	217.4	118.67
Nov-11	135.3	117.04	243.2	100.70	219	119.54
Dec-11	133.8	115.74	232.7	96.36	216.9	118.40
Jan-12	135.6	117.30	233.1	96.52	215.1	117.41
Feb-12	136.3	117.91	228.1	94.45	215.9	117.85
Mar-12	138.1	119.46	228.9	94.78	226.2	123.47
Apr-12	138.3	119.64	220.5	91.30	222.9	121.67
May-12	137.1	118.60	207.7	86.00	217.1	118.50
Jun-12	135.2	116.96	197.4	81.74	215.5	117.63
Jul-12	135.7	117.39	204.7	84.76	213	116.27
Aug-12	137.4	118.86	219.4	90.85	220.9	120.58
Sep-12	138.0	119.38	221.5	91.72	227.2	124.02
Oct-12	137.8	119.20	218.6	90.52	222.6	121.51
Nov-12	137.3	118.77	219.9	91.06	212.8	116.16
Dec-12	138.3	119.64	222.1	91.97	210.8	115.07
Jan-13	139.3	120.50	229.9	95.20	210.5	114.90
Feb-13	140.3	121.37	229.3	94.95	218.6	119.32
Mar-13	137.8	119.20	224	92.75	214	116.81
Apr-13	137.4	118.86	237.2	98.22	212.4	115.94

6.2.4 Die Haftungsfrage ist nicht geklärt

„Im Zusammenhang mit der Förderung unkonventioneller Erdgasvorkommen mittels Tiefenbohrung und Fracking können potentielle Schäden nicht gänzlich ausgeschlossen werden. … Gebäudeschäden infolge seismischer Ereignisse, Grundwasserverunreinigungen durch die eingesetzten Frack-Flüssigkeiten oder die mögliche Verunreinigung von Grund- und Oberflächengewässern in Folge von Unfällen beim Umgang und Transport wassergefährdender Stoffe",[45] heißt es in der von Exxon in Auftrag gegebenen Risikostudie. Wer kommt im Fall für derartige Schäden auf?

Der Fachkreis „Haftungs- und Versicherungsfragen" stellt hierzu fest, dass in Deutschland bis dato auch mit Fracking geförderte Vorkommen rechtlich dem Bergrecht unterstehen – es greift die sogenannte Gefährdungshaftung. Die Ursache eines Schadens und die Schadenshöhe sind durch den klagenden Geschädigten zu beweisen. Im Wasserhaushaltsgesetz § 89 WHG hingegen ist die Haftung für Änderungen der Wasserbeschaffenheit geregelt.

Doch ist der Nachweis der Kausalität zwischen etwa einem Erdbeben und der Erdgasförderung für den potentiell Geschädigten aufgrund der aufwendigen Messungen extrem schwierig.

Bei Grundwasserschäden werde die Wiederherstellung des Zustandes vor Eintreten der Schädigung gefordert – wofür zuvor Nullmessungen gemacht werden müssten. Und für Bergschäden wären neuartige Policen vonnöten, wie sie etwa für tiefe Geothermie bereits vorhanden sind, denn Industrieversicherungen würden vom Versicherungsschutz ausgeschlossen. Grundwasser- und Trinkwasserschäden würden über eine sogenannte Umwelthaftpflicht abgesichert, aber hier gibt es eine Obergrenze bei der Deckungssumme, die nicht ausreichend wäre.

Um etwaige Folgeschäden weitgehend einzugrenzen, plädieren Politologen bereits für eine umfassende Absicherung: Sven Schulze, Senior Economist am Hamburgischen Welt-Wirtschafts-Institut, der das Themenfeld „Umwelt und Klima leitet, etwa empfiehlt:

„Unter Abwägung der wirtschaftlichen und ökologischen Aspekte spricht einiges dafür, dass die Vorkommen weiter erkundet werden sollten. Für eine Gewinnung des Schiefergases ist neben einem Verbot in sensiblen Gebieten, einer Umweltprüfung und einer Bürgerbeteiligung die Implementierung einer Haftungsregel anzustreben. Diese wurde das Verursacherprinzip bei kurz- bis langfristigen Folgeschäden durchsetzen und auftretende externe Kosten internalisieren.[46]

[45] http://dialog-erdgasundfrac.de/fachgespraech-fracking-haftungs-und-versicherungsfragen. Zugegriffen: 1. Juni 2014

[46] Sven Schulze, Hamburgisches Weltwirtschaftsinstitut, Fracking erkunden, aber nicht ausbeuten, in Wirtschaftsdienst, Zeitschrift für Wirtschaftspolitik, 3/2013, http://www.wirtschaftsdienst.eu/archiv/jahr/2013/3/2941/ Zugegriffen: 22.Mai 2014.

Doch nicht alle potenziellen Auswirkungen sind monetär leicht quantifizierbar und versicherbar. Die ökonomische Bewertung von Umweltschäden waren Thema etwa der Untersuchung „Regionalökonomische Auswirkungen der unkonventionellen Erdgasförderung".

Dort heißt es im Fazit: „Die naturwissenschaftlichen Gutachten haben diese möglichen Gesundheits- und Umwelteffekte näher untersucht. Den Effekten lassen sich auch regionalökonomische Wirkungen zuordnen... Sie betreffen damit in aller Regel regionale Akteursgruppen wie etwa die zu Bewässerungszwecken grundwasserfördernde Landwirtschaft, den durch zahlreiche Bohrstätten potentiell beeinträchtigten Naturtourismus oder – positiv – Speditionsbetriebe, die als Zulieferer fungieren."[47]

In allen Regionen wären die ökonomischen Einschnitte beachtlich, wo viele Akteure ihre Wertschöpfung auf diesen wirtschaftlichen Zweigen erzielen, für sie wären die negativen Folgen drastisch. Insbesondere Land- und Ernährungswirtschaft, Tourismuswirtschaft sowie Naturschutz sind betroffen. Die Verlierer unter den regionalen Akteuren protestieren aus diesem Grund heftig gegen die unkonventionelle Gasförderung in ihrer Region, der Widerstand der Bevölkerung in vielen Regionen Deutschland hat sich inzwischen in 40 Bürgerinitiativen formiert.[48]

Hingegen entstünden damit verbundene Arbeitsplätze nicht in den betroffenen Regionen, laut Exxon-Expertenkreis, sondern hauptsächlich an den Hauptsitzen der Unternehmen. Dort fallen auch die Körperschaftsteuer und die Umsatzsteuer an, so dass sie zwar Rückwirkungen auf die Regionen über den kommunalen Finanzausgleich haben, jedoch nicht unmittelbar der unkonventionellen Erdgasförderung zurechenbar sind. Prognosen zur Nachfragefunktion werden durch den Öffentliches-Gut-Charakter der Umwelt erschwert.

In den USA gibt es Studien, die belegen, dass Gemeinden in der Bohr- und Fracking-Phase von mehr Arbeitsplätzen und Steuereinnahmen profitieren. Etwaige Folgekosten für Staat und Gemeinden würden nach einer Studie von den positiven Effekten in jedem Fall aufgefangen. So hat eine Gruppe von Wirtschafts-Abgängern der Elite-Universität Yale, einige davon aus dem Bereich Energieindustrie unter dem Emeritus Professor Paul W. MacAvoy eine Kosten-Nutzen-Analyse mit dem Titel „The Arithmetic of Shale Gas" erstellt. Nach diesen Berechnungen überwiegen die positiven Effekte einer andauernden Shale-Gas-Förderung bei Weitem jedem „Worst case szenario" einschließlich Grundwasserverseuchung und Klärmaßnahmen. Unter anderem wurden hierfür die Gaspreise auf dem Jahr 2008 (vor dem Schiefergasboom) von 7, 97 US-Dollar (danach auf 3,95 US-Dollar gesunken)

[47] Kilian Bizer und Christoph Boßmeyer, Sofia, Sonderforschungsgruppe Institutionenanalyse, "Regionalökonomische Auswirkungen der unkonventionellen Erdgasförderung (Hydraulic Fracturing)", sofia-Studien 12-2, Darmstadt 2012

[48] Schweres Beben von Silvia Liebrich, SZ vom 31.3./1.4.2013, S. 31.

veranschlagt. Ohne Schiefergas hätten die USA Gas mittels LNG aus Katar, vielleicht sogar aus Russland importieren müssen, was mit über 50 Mrd. US-Dollar Extra-Kosten zu Buche geschlagen hätte. Voraussetzung in diesem Szenario ist allerdings ein konstantes Fördervolumen. Auf der Kostenseite haben die Autoren einen theoretischen Wert von 100 Unfällen pro 100.000 neue Bohrungen angenommen, was inklusive Grundwasserverseuchung insgesamt mit 250 Mio. auf der Kostenseite verbucht wurde. Die Studiengruppe errechnete so ein 400-zu-1-Verhältnis zu Gunsten der Facking-Industrie.[49]

6.3 Studien und Untersuchungen

Nahezu alle Studien und Untersuchungen sowohl in den USA als auch in Europa und in Deutschland kommen zu demselben Fazit: Bis dato hat keine Expertenequipe ein Fracking-Verbot gefordert, doch alle regen weitere Forschungen an, bevor die Technologie im großen Stil weiter zum Einsatz kommen kann.

Tom Katsouleas, Dean of Duke University's Pratt School of Engineering vom Committee on Engineering Grand Challenges for the 21st Century etwa: „ So let's do it right this time: rather than insist on banning fracking, let's insist on research to understand and prevent the environmental damage of fracking before it becomes a problem.[50] In Deutschland kommen die Gutachter der zwei großen Studien zu dem Ergebnis, dass zur Bewertung der identifizierten Wirkungspfade teilweise noch wichtige Grundlagendaten, insbesondere in Bezug auf Durchlässigkeiten und Druckunterschiede im tiefen Untergrund, fehlen. Wie in den Studien für das Umweltbundesamt (UBA) und das Land Nordrhein-Westfalen ausführlich dargestellt, ist eine abschließende Risikoanalyse, die zur Ableitung von Bewertungs- und Genehmigungskriterien notwendig wäre, aufgrund von Informations- und Wissensdefiziten zum derzeitigen Zeitpunkt nicht möglich. Selbst auf der übergeordneten (generischen) Ebene sind viele vorliegende Informationen noch nicht ausgewertet Standortspezifische Informationen fehlen fast vollständig, ist in der NRW-Studie zu lesen.[51]

Die Bundesanstalt für Geowissenschaften und Rohstoffe und die Staatlichen Geologischen Dienste der Bundesländer (SGD) kritisieren in einer Beurteilung die

[49] http://www.forbes.com/sites/christopherhelman/2012/06/22/the-arithmetic-of-shale-gas/2/Zugegriffen: 1. Juni 2014.

[50] Ebenda.

[51] Georg Meiners, Aachen; Axel Bergmann, Mülheim a. d. R.,Risiken der Fracking-Technologie für das Grundwasser und die Trinkwasserversorgung – Ergebnisse der NRW- und UBA-Studie, S. 11, auf der Essener Tagung für Wasser- und Abfallwirtschaft 13. bis 15. März 2013.

Aussagen der oben genannten Studien dahingehend, dass sie zu pauschal seien und somit der Komplexität des Sachverhaltes nicht gerecht werden.[52]

Die zweite vom BUM in Auftrag gegebene Studie vom Juni 2014 enthält Handlungsempfehlungen zum Grundwassermonitoring sowie zu einem bundesweiten Fraking-Chemikanlien-Kataster. Das Papier enthält Vorschläge für Wassermanagementkonzepte sowie Analysen u. a. zu Nutzungskonflikten mit Flache und Naturschutz sowie zur umweltfreundlichen Entsorgung von Flowbacks, wobei der Stand der Technik gegenwärtig als nicht dokumentierbar beschrieben wurde.

Fazit:

Die Bedenken aus ökologischer Sicht gegenüber der Schiefergasförderung mittels der hochmodernen Fracking-Technologie sind erheblich, wissenschaftlich fundierte Belege gibt es bis dato nur in Einzelfällen. Zum einen wurden umfassende Studien flächendeckend noch nicht veranlasst oder noch nicht ausgewertet, wichtige Ergebnisse stehen noch aus, wie etwa die Grundwasser-Studie der Amerikanischen Umweltbehörde. Auch wurden vor den Bohrungen, vor allem in den USA, keine Null-Messungen vorgenommen, was die Beurteilung erschwert. In den meisten Fällen handelt es sich bei den Ursachen um Unfälle, die durch die hochgiftigen Fracking-Fluide verursacht wurden. Die Industrie arbeitet fieberhaft an umweltfreundlicheren Lösungen, unter anderem an „clean fracking", also ohne Einsatz von giftigen Chemikalien. Auch hier liegen bis heute keine befriedigenden Ergebnisse vor.

„Alle Studien kommen mehr oder weniger übereinstimmend zu dem Ergebnis, dass die Umweltauswirkungen und Risiken erheblich sein können, für eine abschließende Bewertung aber noch viele Fragen zu klären sind … für die breite Öffentlichkeit erscheint ein Einstieg in die Frackingtechnologie ohne bestimmte Mindestvoraussetzungen (Änderung Wasserhaushaltsgesetz, obligatorische UVP-Pflicht, Öffentlichkeitsbeteiligung, Ersatz toxischer Einsatzstoffe, umweltgerechte Entsorgung Flowback, Ausschlussgebiete) nicht denkbar."[53]

Aus wirtschaftlicher Sicht werden ebenfalls massive Bedenken vorgelegt, ob der Betrieb mittels unkonventionell geförderter Rohstoffe langfristig ökonomisch positiv zu leisten sei. Auch hier ist der Erfahrungszeitraum noch zu kurz, um definitive Aussagen treffen zu können.

[52] Stellungnahme zu den geowissenschaftlichen Aussagen des UBA-Gutachtens, der Studie NRW und der Risikostudie des ExxonMobil InfoDialogprozesses zum Thema Fracking vom auf http://www.infogeo.de/ueberuns/aktuelles/pdf_pool/SN_SGD-Fracking-Studien_V5_0.pdf Zugegriffen 24. April 2013.

[53] H.G. Meiners (2014): Anforderungen an die Frackingtechnologie aus wasserwirtschaftlicher Sicht, in: WasserWirtschaftsKurs 0/5, 5.-7. März 2014 Kassel, hg. v. DWA, Hennef

Der Sachverständigenrat für Umweltfragen ist in seinem Gutachten[54] noch skeptischer: „Fracking ist energiepolitisch nicht notwendig und kann keinen maßgeblichen Beitrag zur Energiewende leisten. Fracking ist im kommerziellen Umfang derzeit wegen gravierender Wissenslücken nicht zuzulassen."

Literatur

1. Ewen, C.; Borchardt, D.; Richter, S.; Hammerbacher R.: Exxon-Studie des Neutralen Expertenkreises Risikostudie: Fracking – Sicherheit und Umweltverträglichkeit der Fracking-Technologie für die Erdgasgewinnung aus unkonventionellen Quellen, 2011
2. Dr. H. Georg Meiners (ahu AG) et altri, Gutachten Umweltauswirkungen von Fracking bei der Aufsuchung und Gewinnung von Erdgas aus unkonventionellen Lagerstätten – Risikobewertung, Handlungsempfehlung und Evaluierung bestehender rechtlicher Regelungen und Verwaltungsstrukturen im Auftrag des Umweltbundesamtes, 2012, als PDF auf der Internetseite des BUM
3. Dr. H. Georg Meiners (ahu AG) et altri, Gutachten Fracking in unkonventionellen Erdgas-Lagerstätten in NRW im Auftrag von Ministerium für Klimaschutz, Umwelt, Landwirtschaft, Natur- und Verbraucherschutz des Landes Nordrhein-Westfalen
4. Auswirkungen der Gewinnung von Schiefergas und Schieferöl auf die Umwelt und die menschliche Gesundheit, ENVI-Studie des Europäischen Parlaments von 2011
5. Dr. Werner Zittel, Kurzstudie Unkonventionelles Erdgas von der Ludwig-Bölkow-Systemtechnik GmbH, für ASPO Deutschland (www.energiekrise.de) und Energy Watch Group (www.energywatchgroup.org), März 2010
6. Stellungnahme der Staatlichen Geologischen Dienste der Deutschen Bundesländer (SGD) und der Bundesanstalt für Geowissenschaften und Rohstoffe (BGR) zu den geowissenschaftlichen Aussagen des UBA-Gutachtens, der Studie NRW und der Risikostudie des ExxonMobil InfoDialogprozesses zum Thema Fracking, Hannover, März 2013
7. Prof. Dr. Fritz H. Frimmel, Prof. Dr. Ulrich Ewers, Dr. Mechthild Schmitt-Jansen, Dr. Birgit Gordalla, PD Dr. Rolf Altenburger: Toxikologische Bewertung von Fracking-Fluiden. In Wasser und Abfall, 2012–06, Seite 22–29
8. Prof. Dr. Martin Sauter, Karolin Brosig, Torsten Lange, Wiebke Jahnke, Prof. Dr. Rainer Helmig, Alexander Kissinger, Dr.-Ing. Michael Heitfeld, Dr. Johannes Klünker, Prof. Dr. Kurt Schetelig: Risiken im Geologischen System bei der Fracking-Technologie – Abschätzung der Auswirkungen auf Grundwasservorkommen, in Wasser und Abfall, 2012/06, Seite 16–21
9. Humantoxikologische Bewertung der beim Fracking eingesetzten Chemikalien im Hinblick auf das Grundwasser, das für die Trinkwassergewinnung genutzt wird unter http://dialog-erdgasundfrac.de/files/Humantoxikologie_GutachtenEndversion.pdf
10. H.G. Meiners (2014): Anforderungen an die Frackingtechnologie aus wasserwirtschaftlicher Sicht, in: WasserWirtschaftsKurs 0/5, 5.-7. März 2014 Kassel, hg. v. DWA, Hennef

[54] Sachverständigenrat für Umweltfragen Fracking zur Schiefergasgewinnung Ein Beitrag zur energie- und umweltpolitischen Bewertung vom 31. Mai 2013 auf der Internetseite des SVR www.umweltrat.de.

11. Methane and the greenhouse-gas footprint of natural gas from shale formations
12. A letter Robert W. Howarth · Renee Santoro · Anthony Ingraffea Received: 12 November 2010/Accepted: 13 March 2011. Auf http://www.sustainablefuture.cornell.edu/news/attachments/Howarth-EtAl-2011.pdf
13. Earthjustice.org, Internetseite von earthjustice, Non-profitorganisation in rechtlichen Fragen
14. Fracking The Future How Unconventional Gas Threatens our Water, Health and Climate, auf http://www.desmogblog.com/fracking-the-future/desmog-fracking-the-future.pdf
15. Werner Zittel: "Fracking von Öl- und Gasquellen: ‚Game Changer' oder Endspiel?", Energy Watch Group, 2014
16. Dannwolf, U.; Heckelsmüller, A. (2014): Arbeitspaket 1 – Monitoringkonzept Grundwasser. In: Umweltauswirkungen von Fracking bei der Aufsuchung und -gewinnung von Erdgas aus unkonventionellen Lagerstätten – Teil 2. Gutachten im Auftrag des Umweltbundesamtes (Hrsg.), Dessau-Roßlau (noch unveröffentlicht, vorläufige Ergebnisse wurden auf dem Fachgespräch in Berlin am 22.01.2014 präsentiert).

7 Die konträren politischen Standpunkte

„Wir sind kurz davor, das goldene Zeitalter der Erdgasgewinnung zu beginnen", prophezeite Fatih Birol, Chefökonom der Internationalen Energiebehörde bei der Veröffentlichung des World Energy Outlook im November 2012. Fracking mit Potenzial zum Game Changer in der Energieversorgung der USA – die Nachricht sorgt weltweit für Zündstoff. In vielen anderen Ländern der Erde, darunter China und Indien, die Energiekonsumenten der Zukunft, ebenso wie in Polen und Großbritannien, werden enorme Schiefergasvorkommen vermutet. Wird Fracking die Energiewirtschaft der Welt revolutionieren? Wie könnte das die geopolitische Landkarte verändern – wird Fracking gar zur „geopolitischen Schicksalsfrage"? Innerhalb der Europäischen Union ist eine hitzige Debatte entfacht, politisch sind die Gegenparts unerbittlich. Das Thema polarisiert stark, unterschiedliche Untersuchungen und Studien dienen dabei der Beweisführung.

Was Sie in diesem Kapitel erfahren:

7.1 Warum das Thema so brisant ist;
7.2 wer die wesentlichen Akteure sind;
7.3 warum nur die Politik letztendlich entscheiden kann;
7.4 welche politischen und wirtschaftlichen Folgen ein Ja oder Nein impliziert und
7.5 wie sich die geopolitische Weltkarte verändern könnte.

C. Habrich-Böcker et al., *Fracking – Die neue Produktionsgeografie*,
DOI 10.1007/978-3-658-05887-6_7, © Springer Fachmedien Wiesbaden 2015

7.1 Die politische Brisanz des Themas

In den USA nimmt in letzter Zeit die Diskussion Für und Wider Fracking bei Experten eine nahezu historische Stellung ein – wie einst die Abtreibung, heute das Waffengesetz oder der Klimawandel[1]. Ob Peak Oil[2] bereits erreicht ist oder nicht, schlussendlich geht es um eine grundsätzliche Entscheidung: Kann die Energieversorgung der Zukunft mit Erneuerbaren Energien sicher geleistet werden oder ist unkonventionell gefördertes Gas und Öl die perfekte Brückentechnologie? Sowohl in der Politik als auch aufseiten der Wirtschaft haben die Vertreter naturgemäß unterschiedliche Interessen. Auf Wirtschaftsebene stehen sich die erdölproduzierenden Staaten sowie die interessierten Konzerne einerseits gegenüber, auf der anderen Seite Unternehmen von boomenden Erneuerbare-Energien-Technologien. Politisch drängen die Vorgaben für die Klimaziele auf Verringerung des CO_2-Ausstoßes durch umweltfreundlichere Technologien, die USA hat sich ehrgeizige Energieziele, etwa für die Autoindustrie, gesteckt, China gibt im 12. Fünf-Jahresplan vor, den CO_2-Ausstoß bis zum Jahr 2020 um 40–45 Prozent zu verringern."[3]

7.1.1 Der globale Kontext der Energieversorgung

Vor dem Hintergrund der aktuellen Situation auf dem Markt der fossilen Brennstoffe gewinnt die Fracking-Thematik größere Bedeutung. Denn die Energiesicherheit der einzelnen Staaten und der Zugang zu – insbesondere bezahlbarer – Energie stehen auf der politischen Agenda der Staaten ganz oben. Peak Oil und die darauffolgende nachhaltige Knappheit wichtiger Rohstoffe zeichnete im Jahr 2010 ein besorgniserregendes Bild[4]. Und in den relevanten Gebieten fossiler Ressourcen ist die Situation auch heute durchaus kritisch einzustufen: Die politische Instabilität in Nordafrika, wo die Dynamik der Reformen momentan offensichtlich zum Erliegen gekommen ist, Unruhen im Mittleren Osten sowie die Abhängigkeit der großen Industrienationen von den OPEC-Staaten sind Unsicherheitsfaktoren für den Öl-Import. Etwa 70 Prozent der Ölvorkommen und 40 Prozent der Gasvorkommen

[1] In der Debatte: Should New York State and/or Starkey Township Allow High Volume Shale Gas Extraction? Zwischen Dr. Tony Ingraffea of Cornell University und Dr. Terry Engelder of Penn State am 23. Januar 2013 an der Dundee Central High School Auditorium, N. Y.

[2] Peak Oil: Der angenommene Höhepunkt des Fördermaximums, unter Experten umstritten.

[3] Hans-Peter Otto, Grüner Aufschwung in China? auf www.pwc.de/de/nachhaltigkeit/gruener-aufschwung-in-china.jhtml Zugegriffen: 1. Juni 2014.

[4] Streitkräfte, Fähigkeiten und Technologien im 21. Jahrhundert – Umweltdimensionen von Sicherheit, Teilstudie 1. Peak Oil – sicherheitspolitische Implikationen knapper Ressourcen. Zentrum für Transformation der Bundeswehr, Dezernat Zukunftsanalyse.

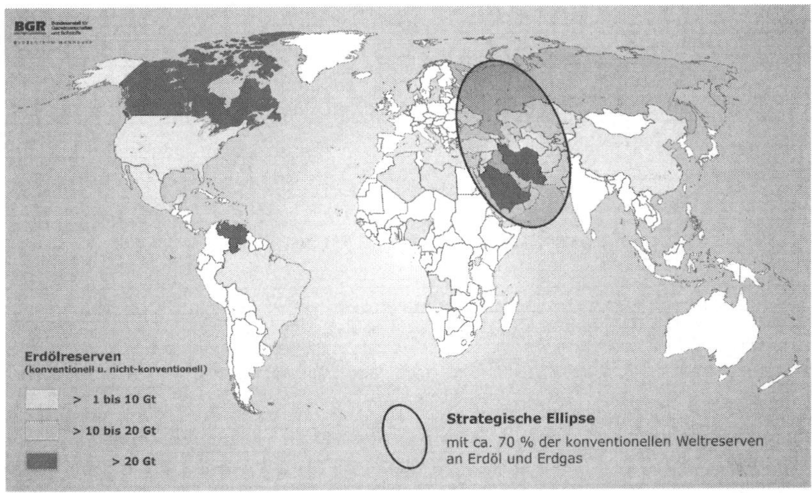

Abb. 7.1 Die Strategische Ellipse. (Quelle: Bundesanstalt für Geowissenschaften und Rohstoffe (BGR))

der Welt befinden sich in der dieser heute unsicheren Region, der sogenannten „Strategischen Ellipse". Darunter ist das Gebiet zu verstehen, das den Nahen Osten, den Kaspischen Raum und Russland bis zum hohen Norden umfasst (s. Abb. 7.1).

Deutschland ist wie viele andere Staaten weitgehend von Russlands Gaslieferungen abhängig. Bereits seit dem Gas-Krieg 2009[5] zwischen Russland und der Ukraine und insbesondere seit den Unruhen in der Ukraine seit Ende 2013 bangt Mitteleuropa immer wieder um seine Gasversorgung.

Vor diesem Hintergrund gewinnt die Möglichkeit, ganze Nationen bis zu 60 Jahren mit heimischem Gas zu versorgen, eine neue Qualität. Fracking lässt Peak Oil augenscheinlich in weite Ferne rücken. Die Karten werden global neu gemischt, heißt es, „Peak Oil is back, but this time it's a peak in demand" lautete etwa eine Schlagzeile[6] in der Bloomberg Businessweek. Das Thema beschäftigt in sicherheitspolitischen Fragen Expertenkreise auf hohem Niveau. Auf der Münchner Sicherheitskonferenz im Februar 2013 wurde das Thema „Energiezukunft Schiefergas" debattiert, und „Energiepolitik am Scheideweg – nationale und globale Dimensio-

[5] Russlands Gazprom hatte dem ukrainischen Staatskonzern Naftogaz eine Rechnung über 5,2 Mrd. € geschickt, gemäß einer „take or pay"-Klausel sollte die Ukraine auch dann bezahlen, wenn sie das Gas nicht importiert hat.

[6] www.businessweek.com/articles/2013-05-01/peak-oil-is-back-but-this-time-its-a-peak-in-demand. Zugegriffen: 1. Juni 2014.

nen der geostrategischen Herausforderungen" – lautete das Thema der diesjährigen Bensberger Gespräche[7], auf dem Schiefergas auch zu den Themen der Diskussionen gehörte. Und eine vertrauliche Studie des Bundesnachrichtendiensts (BND) verweist auf erhebliche Auswirkungen aufgrund des Schiefergasbooms auf der geopolitischen Weltkarte[8].

7.1.2 Die Energiepolitik und Energieeffizienz

Der Energiepolitik der einzelnen Staaten kommt eine zentrale Rolle bei der Erreichung der CO_2-Grenzwerte zu. Rund ein Viertel aller fossilen Energie wird aus Erdgas gewonnen. Unkonventionell gefördertes Gas könnte als der „umweltfreundlichere Rohstoff" einen Betrag dazu leisten.

Andere Faktoren, wie der nach Fukushima beschlossene endgültige Atomausstieg seitens der deutschen Regierung beschleunigen den Ausbau der Erneuerbaren Energien. Doch die sind noch teuer, es fehlen oft weitgehend die Strukturen. Der Energiewende – so unken Kritiker – droht das Geld auszugehen[9] – es wird der Ruf nach Übergangslösungen laut.

Weltweit stehen die Regierungen, allen voran China und Indien, die gemeinsam mit anderen Nicht-OECD-Staaten für den größten Teil der Energienachfrage bis 2035 verantwortlich sein werden, vor gewaltigen Herausforderungen. Politiker, die gleichzeitig Fortschritte bei der Verbesserung der Energieversorgungssicherheit und bei wirtschaftlichen sowie ökologischen Zielen erreichen wollen, stehen vor zunehmend komplexen – und sich teilweise widersprechenden – Entscheidungen, heißt es auch im Energy World Outlook der IEA 2012: „Fast die Hälfte des Anstiegs der weltweiten Energienachfrage wurde in den letzten zehn Jahren durch Kohle gedeckt, womit bei Kohle sogar ein stärkeres Wachstum verzeichnet wurde als bei erneuerbaren Energieträgern insgesamt. Ob sich dieses kräftige Wachstum fortsetzt oder ob es zu einem Richtungswechsel kommt, hängt von der Durchschlagskraft der politischen Maßnahmen zu Gunsten emissionsärmerer Energiequellen und der Einführung von effizienteren Maßnahmen ab. ... Die Politikentscheidungen, die in der globalen Kohlebilanz am stärksten ins Gewicht fallen, werden in Beijing und Neu Delhi getroffen."[10]

---

[7] Kooperation zwischen der Bundeszentrale für politische Bildung und dem Bundesministerium für Verteidigung. http://www.bpb.de/veranstaltungen/dokumentation/157801/bensberger-gespraeche-2013. Zugriffen: 1. Juni 2014.

[8] Andreas Rinke, Schöne neue Welt, Demokratien könnten von der Schiefergas-Revolution am meisten profitieren in Internationale Politik, März/ April 2013 Zugegriffen: 4. Juni 2013.

[9] www.welt.de/wirtschaft/article113987818/Der-Energiewende-droht-das-Geld-auszugehen.html Zugegriffen: 15. April 2013.

[10] World Energy Outlook 2012, Deutsche Zusammenfassung, S. 6.

Primärenergieverbrauch weltweit
in Mtoe

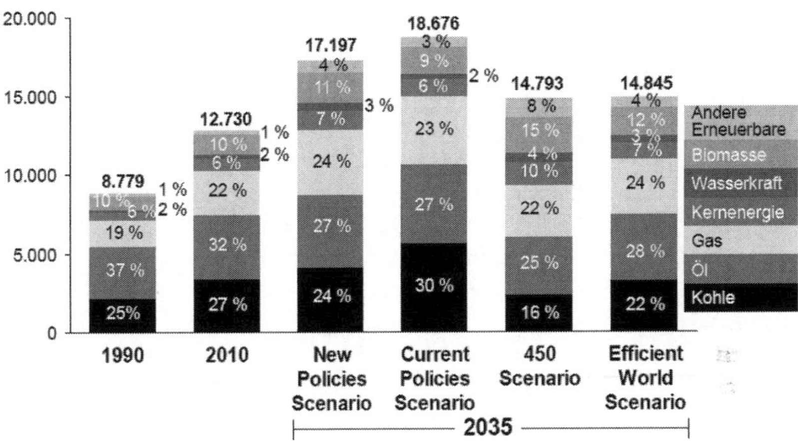

Abb. 7.2 Einfluss von Energieeffizienzmaßnahmen auf den weltweiten Primärenergieverbrauch. Szenario „Current Policies" zeigt die Folgen der Fortsetzung der bisherigen Politik, Scenario „New Policies" berücksichtigt die Absichten und Ankündigungen der Länder, Szenario „450": Die Erwärmung des Weltklimas wird auf 2 °C begrenzt. Efficient World Scenario legt als Annahme zugrunde, dass alle wirtschaftlich realisierbaren Energieeffizienz-Investitionen getätigt werden und alle notwendigen Politiken zur Beseitigung von Marktbarrieren bezogen auf Energieeffizienz umgesetzt werden (Quelle: IEA).

Wie also der Bedarf gedeckt wird und zu welchem Preis, hängt im Wesentlichen davon ab, welche Rahmenbedingungen und Anreize die Regierungen schaffen, denn danach richtet sich der Einsatz zur Gewinnung und Förderung, oder dementsprechend werden Investitionen getätigt und Strukturen geschaffen.

Hierbei spielt die Energieeffizienz eine bedeutende Rolle. In welchem Maße es den politischen Entscheidungsträgern gelingt, das Potenzial im Bereich etwa Gebäude, Unternehmen und Verkehr auszuschöpfen, hat wesentlichen Einfluss auf den weltweiten Energiebedarf und somit auch auf den Bedarf von fossilen Energien. So würde sich laut IEA im günstigsten Fall (Efficient World Szenario, s. Abb. 7.2.) das Wachstum des weltweiten Primärenergieverbrauchs bis 2035 um die Hälfte reduzieren, wenn weit mehr Energieeffizienzmaßnahmen weltweit getätigt würden, als bisher beschlossen wurden[11]. Die Nachfrage und somit der Bedarf würden ek-

[11] Ebenda.

latant sinken, fossile Brennstoffe mithilfe der unkonventionellen Fördermethoden könnten den Energiebedarf länger, als noch vor kurzem vermutet, abdecken.

Die Position der Internationalen Energieagentur ebenso wie die des World Energy Outlook 2030 von BP, deren Chef, Bob Dudley die Warnungen vor Peak Oil als „zunehmend grundlos" bezeichnet,[12] lässt die Energiewende zumindest zunächst in weite Ferne rücken.

Andere Studien bezweifeln diese positiven Aussichten vehement, wie etwa die Energy Watch Group, die das „Efficient World Szenario" für unrealistisch hält.

Die konventionelle Kraftwerkswirtschaft ist bis heute der Zweig der Energiewirtschaft, in den die meisten Fördermittel fließen. 2011 wurden sie mit 523 Mrd. US$ (im Vergleich zu 2010 ein Anstieg von 30 Prozent und laut WEO 2013 in 2012 weltweit 544 Milliarden Dollar) an Subventionen bedacht (darunter fallen typische Instrumente wie Steuerentlastungen, Finanztransfers, günstige Kredite, die Übernahme von Gewährleistungen und Risiken durch die Regierung), während für die Erneuerbaren Energien lediglich 88 Mrd. US$ an staatlichen Geldern bereitgestellt wurden – ein Verhältnis von 1:6.[13]

7.1.3 Die Grundsatzfrage: Angebots- oder Nachfrageseite

So geht es politisch weiterhin um die grundsätzliche Frage: Mehr fördern – durch unkonventionelle Lagerstätten oder mehr sparen – durch Energieeffizienz oder Verzicht.

Das Thema berührt grundlegende Aspekte der Wohlfahrt unserer Industriegesellschaften. Im Hinblick etwa auf die Energiewende in Deutschland geht es auch um die Frage, „ob damit nicht auch eine fundamentale Änderung des Konsumverhaltens einhergehen muss, da sich die Nachfrage nach Energie unter anderem aus der Summe der Entscheidungen von Endkonsumenten zusammensetzt. Global gesehen, rühren Energieversorgung und Klimafrage an die Lebensgrundlagen heutiger und künftiger Generationen und sind damit Menschheitsfragen", führt etwa Kirsten Westphal von der Forschungsgruppe Globale Fragen am Deutschen Institut für Internationale Fragen in Berlin in der Veröffentlichung „Europas Energiewende", im Dezember 2012[14] aus.

---

[12] Fördermaximum für fossile Brennstoffe wird 2020 erreicht in http://www.heise.de/tp/artikel/38/38391/1.html Zugegriffen: 13. Juni 2014.

[13] IEA World Energy Outlook 2012, deutsche Zusammenfassung S. 1 und S. 8.

[14] Dr. Kirsten Westphal, Energiewende Global Denken, S. 41 in Europas Energiewende, Yellow Paper, Euractiv.de, auf http://www.euractiv.de/fileadmin/images/EurActiv_YP_Energiewende.pdf. Zugegriffen: 1. Juni 2013.

Prof. Dr. Markus Vogt, Professor für Christliche Sozialethik an der LMU München sprach bei einem Vortrag im Ehrensaal des Deutschen Museums zum Thema Fracking im Februar 2013 von einer Renaissance des fossilen Zeitalters. „Die Energiefrage ist die Achillesferse unserer Wohlstandsgesellschaft, jede Form von Energieverwendung ist von erheblichen Unbekannten besetzt … Bei Verknappung von fossilen Quellen sind wir gezwungen umzudenken, durch Fracking ändert sich der Kontext. Das macht Klimaschutz schwierig, die USA und andere Länder werden so vielleicht noch weiter in das gegenwärtige Wohlstandsniveau hineingetrieben."

In den „Golden Rules for a Golden Age of Gas" (Goldene Regeln für ein goldenes Erdgaszeitalter) der Internationalen Energieagentur (IEA), die einen Katalog an Handlungsempfehlungen für die Erschließung von Erdgas aus unkonventionellen Lagerstätten erstellt hat, kommen die Autoren hingegen zu dem Schluss, dass das Plus an fossilen Energien dazu beigetragen kann, die Preise für Energie auf einem möglichst niedrigen Niveau zu halten. Dies wiederum könne helfen, in Ländern mit unkonventionellen Erdgasvorkommen zu Investitionen zur Schaffung von Arbeitsplätzen anzuregen[15] – ein Plädoyer, die Angebotsseite zu stärken. Im World Economic Outlook 2013 hingegen werden die positiven Aussichten leicht revidiert: „Die Welt befindet sich nicht am Scheitelpunkt zu einer neuen Ära des Ölüberflusses. Der Ölpreis steigt stetig auf 128 Dollar pro Barrel im Jahr 2035 (in Dollarwerten von 2012). Dies unterstützt die Entwicklung der neuen Ressourcen. Allerdings wird kein Land mit LTO so erfolgreich sein wie die USA, die dadurch zum weltweit größten Erdölförderer werden. Die zunehmende Produktion … schließt die wachsende Lücke zwischen der weltweiten Ölnachfrage…und der Produktion von konventionellem Erdöl, für die ein leichter Rückgang auf 65 mb/d erwartet wird."

Deutschland und die USA haben sich bis dato für gänzlich unterschiedliche Wege in der Energiepolitik entschieden. „Während in Deutschland mit der Energiewende die Umorientierung hin zu regenerativen Energien im Mittelpunkt steht, versuchen die USA mittels Fracking Importunabhängigkeit bei fossilen Energieträgern zu erreichen", heißt es in der Studie der Kreditanstalt für Wiederaufbau, Fokus Volkswirtschaft.[16]

---

[15] International Energy Agency, Golden Rules for a Golden Age of Gas 2012, auf http://groundwork.iogcc.org/sites/default/files/WEO2012_GoldenRulesReport.pdf. Zugegriffen: 10. Juni 2013.

[16] www.kfw.de/Download-Center/Konzernthemen/Research/PDF-Dokumente-Fokus-Volkswirtschaft/Fokus-Nr.-19-April-2013-Rohstoffe_Wettbewerb.pdf am 11.04.2013) Zugegriffen: 11. April 2013).

7.2 Ohne Fracking geht es nicht

7.2.1 USA zielt auf Energieunabhängigkeit

Für US-Präsident Obama sind die unkonventionellen fossilen Brennstoffe Bestandteil seiner „all-of-the-above“ energy strategy, „in order to reduce our dependence on oil and make the United States a magnet for new jobs.“[17]

In seiner Rede zur Lage der Nation im Februar 2013 sagte der US-Präsident: „After years of talking about it, we are finally poised to control our own energy future.“[18] Seit Richard Nixon und dem Ölschock in den früheren 1970er-Jahren ist Energieunabhängigkeit der Traum Amerikas – jetzt scheint er zum Greifen nah.

Für die US-Regierung ist Fracking im politischen Energieplan zum bedeutenden Baustein auf dem Weg zur nachhaltigen Energieversorgung geworden. Untersuchungen attestieren der Schiefergasindustrie in den USA neue Arbeitsplätze sowie positive Auswirkungen auf die Wirtschaft.

Die Studie „The Economic and Employment Contributions of Shale Gas in the United States“ von IHS Research[19] kommt zu dem Schluss, dass die Schiefergasproduktion im Jahr 2010 18,6 Mrd. US$ zum Steueraufkommen von Bund, Ländern und Kommunen beigetragen hat.[20] Auch in Zukunft soll der Gasboom eine wahre Jobmaschine sein. Über 3 Mio. Jobs sollen bis Ende dieser Dekade entstehen. Laut den Analysten von IHS spart ein amerikanischer Durchschnittshaushalt dank des preiswerten Gases 926 Dollar pro Jahr, für das Jahr 2035 prognostiziert die Studie sogar 2000 US-Dollar Einsparungen pro Haushalt.[21]

In Pennsylvania, wo seit 2007 im großen Stil gefrackt wird und in der Tat der einst ärmlichen Region neue Jobs und Einkommen gebracht hat, sind die Kritiker in der Minderzahl. „This is America and we share risks“, ist Terry Engelder, Professor am Department of Geosciences, Pennsylvania State University und prominenter Befürworter der Fracking-Bohrungen im Marcellus Shale überzeugt.

---

[17] http://www.whitehouse.gov/energy/news Zugegriffen: 1. Juni 2014.

[18] http://energy.gov/articles/president-obama-talks-energy-state-union-2013. Zugegriffen am 1. Juni 2014.

[19] Information Handling Services (IHS Inc.), weltweit aktiver Fachinformationsverlag mit Hauptsitz in Colorado, USA, IHS stellt Informationen zu den Themen Energie, Produktlebenszyklen, Wirtschaft, Umwelt und Sicherheit zusammen.

[20] http://instituteforenergyresearch.org/analysis/employment-in-shale-gas-industry-to-greatly-increase/ Zugegriffen: 13. Juni 2014.

[21] http://www.ihs.com/images/Shale_Gas_Economic_Impact_mar2012.pdf, S. 26, Zugegriffen: 13. Juni 2014.

Widerstand regt sich aber in vielen Kommunen in anderen Teilen der USA, in vier nördlichen Staaten, darunter New York (bis 2015)[22], Maryland und einzelne Gemeinden in Colorado, wurden Moratorien verhängt, Petitionen in anderen Gemeinden sind im Gange. Demokratische Abgeordnete etwa im Staat von Kalifornien bestehen auf Regulierung: „A federal judge struck a major blow against fracking in California this week, ruling that the government was wrong to allow energy companies to drill for oil on 2,700 acres of public land without first considering environmental impacts."[23]

Euphorie und Skepsis Die potenzielle Energieunabhängigkeit spielt für die Weltmacht USA eine bedeutende Rolle. Positive Prognosen fördern die Euphorie. Laut einer Studie von Goldman Sachs könnten die USA im Jahr 2017 dank Fracking zum weltgrößten Erdölförderer avancieren[24]. Die Studie „Energy 2020"[25] geht davon aus, dass durch den Erdgasboom der Ölpreis bis 2020 um 14 Prozent gesenkt werden kann und dass die USA zum „neuen Mittleren Osten" und Energiegiganten avancieren wird.

Auf lange Sicht profitieren etwa auch die krisengebeutelte chemische Industrie Amerikas und andere energieintensive Branchen von den günstigen Energiekosten.

Laut einer Studie des American Chemistry Council (ACC) sind in den USA 30 Neu- oder Ausbauten von Chemiewerken für insgesamt 25 Mrd. US$ geplant. Die deutsche BASF, weltweit größter Chemieproduzent plant neue Werke in den USA (s. a. Kap. 5).

Eine weitere Diskussion, die in den USA gerade erst begonnen hat, dreht sich um die Frage, ob das günstige Gas sogar exportiert werden soll.[26]

Kirsten Westphal vom Deutschen Institut für Internationale Fragen in Berlin ist zurückhaltender in der Sicht auf ein energieunabhängiges Amerika: „Denn trotz aller Einsichten in diese ‚No-regret-Option' geschieht hier (Energie-Effizienzmaßnahmen, Anm. der Autoren) zu wenig. Auch die USA werden nur dann zum Selbstversorger, wenn sie den Kraftstoffverbrauch weiter senken. … die WEO- (Anm.

[22] Joseph de Avila, Fracking Goes Local auf http://online.wsj.com/news/articles/SB10000872396390444327204577617793552508470 zugegriffen: 1 Juni 2014.

[23] http://www.huffingtonpost.com/2013/04/09/california-fracking-lawsuit_n_3046838.html Zugegriffen: 13. Juni 2014.

[24] http://green.wiwo.de/kolumne-fracking-verandert-die-welt-und-die-energiewende Zugegriffen: 3. Mai 2013.

[25] http://csis.org/files/attachments/120411_gsf_MORSE_ENERGY_2020_North_America_the_New_Middle_East.pdf Zugegriffen: 14. Juni 2014.

[26] Kirsten Westphal, „Nichtkonventionelles Öl und Gas – Folgen für das globale Machtgefüge" SWP aktuell 16, Februar 2013.

der Autoren: World Economic Outlook) Szenarien blenden geopolitische und ökonomische Risiken aus. Entwicklungen auf den Energiemärkten aber erfolgen eher zyklisch, wenig linear und mitunter sprunghaft, wenn es um technologische Neuerungen, Substitutionseffekte und (Soll-)Bruchstellen geht."[27]

Auch der Amerika-Experte Josef Braml von der Deutschen Gesellschaft für Auswärtige Politik e. V. in Berlin sieht unkonventionelle Gasförderung nicht als den Kick-off zur Energieunabhängigkeit: „Experten zahlreicher Think Tanks und Politiker beider Parteien sehen in der Entwicklung erneuerbarer Energien einen für die USA gangbaren Weg, sich aus der Abhängigkeit von fossilen Brennstoffen aus problematischen Weltregionen zu befreien. Angesichts der Verwundbarkeit der amerikanischen Wirtschaft und des Transportsektors sei es dringend erforderlich, Biokraftstoffe und andere Alternativen zu entwickeln für die auf fossile Brennstoffe angewiesenen Wirtschaftszweige"[28].

7.2.2 Günstige Rahmenbedingungen in den USA

Die Förderbedingungen sind im traditionellen Rohstoffland USA günstig. Die Kosten für eine Bohrstelle liegt für US-Unternehmen in etwa bei 20 Prozent der Kosten, die in Europa anfallen würden.

Die Regulierung liegt seit 2005 fast ausschließlich bei den Autoritäten der Bundesstaaten. Die damalige Bush-Regierung lockerte im Jahr 2005 die Umweltauflagen – und befreite die Gas- und Ölgewinnung mittels Fracking unter anderem aus dem Trinkwasserschutzgesetz (Safe Drinking Water Act, SDWA), Clean Water Act, Clean Air Act.[29]

Der Energy Policy Act wurde von dem damaligen Vizepräsidenten Dick Cheney initiiert, der über Jahre hinweg für das Unternehmen Halliburton tätig gewesen war – den größten Hersteller von Geräten für die Erdgasgewinnung durch Fracking, daher trägt das Gesetz auch den Namen „Halliburton-Schlupfloch".

Ein Vorstoß von US-Abgeordneten im Jahr 2008, die Ausnahmeregelung für die Öl- und Gasindustrie vom SDWA rückgängig zu machen[30] scheiterte.

[27] Ebenda.

[28] Josef Braml, Amerikas Ölrausch – höchste Zeit für eine Entzugskur 19. November 2012 auf http://www.bpb.de/politik/wirtschaft/energiepolitik/149268/ am 13. Juni 2014.

[29] http://www.desmogblog.com/fracking-the-future/politics.html Zugegriffen: 13. Juni 2014.

[30] Gesetzesvorlage H.R. 7321: „To repeal the exemption for hydraulic fracturing in the Safe Drinking Water Act, and for other purposes." 29. September 2008, siehe auch http://www.govtrack.us/congress/billtext.xpd?bill=h110-7231. Zugegriffen: 13. Juni 2014.

Die Rohstoffindustrie wird großzügig gefördert, durch das Energiegesetz (Energy Act) von 1980 werden Bohrungen mit Subventionen in Höhe von 50 Cent pro MMBTU gefördert[31]. Und durch Steuererleichterungen sind über die „Intangible Drilling Costs - IDC“[32] über 70 Prozent der Entwicklungskosten gedeckt.[33]

Nach den Eigentumsrechten in den USA gelten Schiefergasvorkommen als Eigentum des Grundbesitzers. Das schafft in ärmeren Regionen Anreize, Bohrungen auf Privatbesitz zu erlauben.

Ansonsten gelten bis dato Regelungen, die allgemein für die Öl- und Gasexploration (state oil and gas laws) der einzelnen Staaten bestehen.[34]

Eine Übersicht über die verschiedenen Regulierungen in den einzelnen Staaten bietet die Internetseite http://www.documentcloud.org/documents/405435-fracking-disclosure-laws-by-state.html.[35]

Doch inzwischen hat die Fragmentierung der Gesetzeslage, das Einschreiten einzelner Kommunen, die Lage zum Teil unübersichtlich gemacht.[36]

Im Allgemeinen aber sind Bohrungen auf Bundesebene – außer oben genannter Ausnahmen[37] – von Umweltschutzgesetzen geregelt: „Activities related to hydraulic fracturing are already regulated at the Federal level under a variety of environmental statutes, including portions of the Clean Water Act, Safe Drinking Water Act, and Clean Air Act.“[38]

---

[31] http://www.naturalgaseurope.com/replicating-the-shale-gas-revolution-getting-real-5759 Zugegriffen 4. Juni 2013.

[32] http://financial-dictionary.thefreedictionary.com/Intangible+Drilling+Cost. Zugegriffen: 10. Juni 2012.

[33] Paul Steven, The Shale revolution Develpoment and Changes, P. 9 auf http://de.scribd.com/doc/109707624/The-Shale-Gas-Revolution-Developments-and-Changes. Zugegriffen: 16. Mai 2013.

[34] http://www.worldenergyoutlook.org/media/weowebsite/2012/goldenrules/weo2012_goldenrulesreport.pdf Zugegriffen: 13. Juni 2014.

[35] Siehe auch Regulatory Framework Governing Unconventional Gas Development, auf http://www.nrel.gov/docs/fy13osti/55538.pdf Zugegriffen: 16. Mai 2013.

[36] Siehe hierzu auch „Envolving regulatory Enviroment and best practices“ auf http://csis.org/files/publication/130409_Ladislaw_RealizingPotentialUnconGas_Web.pdf, S. 26 ff. Zugegriffen: 10. Juni 2013.

[37] They include the Clean Air Act, Clean Water Act and Safe Drinking Water Act. Certain exemptions from federal rules have been granted; for example, hydraulic fracturing is excluded from the list of regulated activities under the Underground Injection Program authorised by the Safe Drinking Water Act (unless diesel-based fracturing fluids are used). In The golden rules of a golden age of gas, International Energy Agency, S. 104.

[38] Siehe auch http://www2.epa.gov/hydraulicfracturing.

Umweltaspekt gewinnt an Bedeutung Um wirksame Kontrollen durchzuführen, fehlen den meisten Staaten aber die Kontrolleure. In Texas gibt es für die Überprüfung von 250.000 Öl- und Gasquellen ganze 400 Inspektoren.[39]

Eine Verbesserung der Regulierung aus Umweltgesichtspunkten hat in den USA mittlerweile an Bedeutung gewonnen, derzeit sind mehrere Gesetzesänderungen auf dem Weg, die in erster Linie dem Schutz der Wasserversorgung dienen sowie Maßnahmen zur Verbesserung der Luftqualität zum Inhalt haben: Unter anderem hat die Environmental Protection Agency (EPA) im April 2012 verbindliche Regeln für die Öl- und Gasindustrie erlassen. Eine der zentralen Vorschriften darin verpflichtet die Gasfirmen zur Anwendung von reduced emissions completion (REC), die 2015 in Kraft tritt.[40]

Bislang sind die Fracking-Fluids der Bohrungen von der Offenlegung der chemischen Zusammensetzung entbunden, die Zusammensetzung ist Betriebsgeheimnis. Einige Staaten u. a. Pennsylvania, Wyoming, Arkansas, Texas haben ihre eigenen gesetzlichen Regelungen durchgesetzt.

Freiwillige Selbstkontrolle vonseiten der Industrie ist hingegen seit 2011 auf den Websites frack.skytruth.org/fracking-chemical-database und FracFocus (http://www.fracfocusdata.org) dokumentiert. Dort können die Unternehmen freiwillig die chemische Zusammensetzung ihrer benutzten Fracking-Fluids veröffentlichen. Die Site wird von Groundwater Protection Council (http://www.gwpc.org/) und der Interstate Oil and Gas Compact Commission (IOGCC) (http://www.iogcc.org/) betrieben. Ziel ist es, zu jedem einzelnen Bohrloch Angaben öffentlich zu machen. Ein Test der Site seitens eines Universitätsteams von Juristen der Harvard-Universität fiel allerdings kritisch aus und attestierte der Website „serious deficiencies … in the way it reports fracking disclosures … For example, the extent of the information disclosed by a given company may be determined by its own definition of trade secrets – information that the company feels would jeopardize proprietary information."[41] Ein Teil der Informationen bleibt also auf diesem Weg weiterhin Betriebsgeheimnis.

Seit einiger Zeit wird im Kongress über die Verabschiedung eines „Fracking Acts" diskutiert, der eine Verpflichtung aller Unternehmen zur Offenlegung beinhaltet. Das Gesetz soll laut Obama-Administration sichere Standards für die Gasförderung mittels Hydraulic Fracking zu gewährleisten. US-Energieminister

[39] http://www.dradio.de/dkultur/sendungen/wissenschaft/1936999/ Zugegriffen: 4. Mai 2013.

[40] http://www.epa.gov/gasstar/documents/reduced_emissions_completions.pdf für Bohrungen ab Januar 2015 zu verwenden.

[41] http://www.triplepundit.com/2013/04/harvard-study-fracking-disclosure-site-fracfocus-serious-deficiencies. Zugegriffen: 4. Mai 2013.

Ernest Moniz sieht keine Probleme: „I think the issues in terms of the environmental footprint of hydraulic fracturing are manageable.“

Der Gesetzesvorschlag enttäuschte Umweltorganisationen, die auf eine vollständige Offenlegung der Fracking-Fluids gehofft hatten, sowie schärfere Auflagen bezüglich Grundwasser und Bohranlagensicherheit. Der Vorschlag sieht jedoch vor, dass einige Additive Betriebsgeheimnis bleiben[42]. Die Industrie hingegen kritisierte die Auflagen bezüglich verpflichteter Meldung der Additive.

7.3 Die Energiewirtschaft im globalen Kontext

7.3.1 Der Preissturz in den USA

„Die Weltkarte der Energiewirtschaft verändert sich, was möglicherweise weitreichende Konsequenzen für Energiemärkte und Energiehandel hat. Sie verändert sich infolge der wiedererstarkten Öl- und Gasförderung in den Vereinigten Staaten, und sie könnte sich unter dem Einfluss des Rückzugs einer Reihe von Ländern aus der Kernenergie, des weiterhin raschen Wachstums der Nutzung von Wind- und Solartechnologien sowie der weltweiten Expansion der unkonventionellen Gasförderung weiter verändern“, heißt es in der Zusammenfassung des World Energy Outlooks 2012 der Internationalen Energieagentur [43].

Für Erdgas gibt es bislang keinen Weltmarktpreis, zum überwiegenden Teil ist Gas ein regionales Produkt, so bildet sich der Preis an regionalen Märkten. Schließlich muss Gas momentan noch fast immer über Pipelinestrukturen verbunden sein. Die langfristigen Lieferverträge werden politisch ausgehandelt, oftmals ist der Preis an den Ölpreis gebunden. Die Welt ist in mehrere Gas-Regionen mit unterschiedlichen Preisen gegliedert, der nordamerikanische, der europäisch-asiatische Kontinentalmarkt und die asiatisch-pazifische Region, mit den Nachfragern Japan, Südkorea und China. Der Natural Gas Price am Henry Hub[44] in den USA ist der Indikator für den Gaspreis.

[42] www.nytimes.com/2013/05/17/us/interior-proposes-new-rules-for-fracking-on-us-land.html?_r=0 Zugegriffen: 1. Juni 2014.

[43] http://www.iea.org/publications/freepublications/publication/German.pdf, S. 1. Zugegriffen: 1. Juni 2014.

[44] Die zusätzliche Bezeichnung „Henry Hub“ kommt von der gleichnamigen Gaspipeline in Erath, Louisiana. Diese ist der offizielle Preismacher für die Natural Gas Futures an der größten Warenterminbörse der Welt, New York Mercantile Exchange, kurz NYMEX. 2007 wurde Henry Hub mit vier innerstaatlichen und neun internationalen Pipelines verbunden. Der Natural Gas-Preis ist an den Ölpreis gekoppelt.

Doch es ist zu erwarten, dass sich das aufgrund der LNG-Technik (das Gas wird gekühlt und komprimiert und dann als Liquified Natural Gas auf Containern verschifft) – ändern wird. Dann können die USA ihr durch die Fracking-Technologie gefördertes enormes Gasangebot auf den Markt, insbesondere auf den attraktiven Markt im Pazifischen Raum bringen, auf einen entstehenden Weltmarkt Gas. Unkonventionell gefördertes Gas kann also die Diversifizierung vorantreiben und zur Globalisierung der Gasmärkte führen. Doch die Infrastruktur ist erst im Aufbau, bis Ende 2013 wurden 4 Exportterminals in den USA genehmigt. Die Exportkapazität könnte Ende des Jahrzehnts 178 Mio. m3 am Tag betragen, mit den 18 weiteren Anträgen, die vorliegen, könnten die USA potenziell 840 Mio. m3 täglich exportieren – das entspricht der heutigen globalen Nachfrage.[45]

Der Gaspreis aber allein in den USA ist in den letzten drei Jahren so stark gefallen, dass dies weitgehende Auswirkungen auf den Weltmarkt hat. Die Nachfrage nach Kohle ging stark zurück. Die nicht nachgefragte Kohle wurde wiederum preisgünstig in andere Länder exportiert, vorrangig in den asiatischen Raum, es wird mitunter sogar prognostiziert, dass Kohle binnen zehn Jahren Öl als wichtigsten Energielieferanten überholt haben wird. Der asiatisch-pazifische Raum rüstet aber auch seinen LNG-Terminals auf, wird somit auch als Markt interessant.

7.3.2 Mögliche geopolitische Implikationen

Auch wenn es keinen Weltmarkt für Gas gibt, haben der Preissturz sowie die daraus folgenden Nachfrageeffekte auf der Welt in den politischen Perspektiven bereits stark gewirkt.

Eine vertrauliche Studie des Bundesnachrichtendiensts (BND) zu den geostrategischen Folgen der Schiefergasfunde und unkonventionellem Öl etwa sieht erhebliche Auswirkungen für Europa und den Mittleren Osten, aber auch für das Verhältnis der jetzigen Supermacht USA und dem aufstrebenden China bis zum Jahr 2020 voraus[46].

Dr. Kirsten Westphal von der Stiftung Wissenschaft und Politik am Deutschen Institut für Internationale Politik und Sicherheit in Berlin sagt: „Die Frage der Sicherheit der strategischen Handelswege vom Nahen Osten nach Asien rückt in den Vordergrund. Die USA sehen in den nächsten zwei Dekaden einer weitgehenden Energieautarkie entgegen. Für die transatlantische Energiepartnerschaft wie auch weltweit hat das weitreichende geopolitische Konsequenzen. Umso mehr müssen

---

[45] Kirsten Westphal, „Die internationalen Gasmärkte: Von großen Veränderungen und Herausforderungen für Europa" in Energiewirtschaftliche Tagesfragen 64. Jg. (2014) Heft 1/2.

[46] Dr. Andreas Rinke, Schöne neue Welt, Internationale Politik, März/April 2013.

die USA proaktiv eingebunden werden, da ihnen weiterhin eine Schlüsselrolle für den freien globalen Handel von Erdöl und Erdgas zukommt."[47]

Dass die USA aufgrund der veränderten Energieversorgungssituation ihre militärische Präsenz in der Golf-Region überdenken könnten, wie etwa in der BND-Studie zu lesen ist, sehen Wissenschaftler kontrovers: Dr. Westphal: „Letztlich ist aber schwer vorstellbar, dass die USA mit der Carter-Doktrin[48] brechen und sich vom Persischen Golf zurückziehen werden – um dann abzuwarten, ob und wie China, Indien oder Russland das Vakuum füllen. Die enge Partnerschaft mit Israel und die Sorge um die regionale Stabilität werden die USA auch über aktuelle Krisen hinaus am Golf binden."[49]

Dr. Frank Umbach, Associate Director of the European Centre for Energy and Resource Security (EUCERS), London und Programmleiter für internationale Energiesicherheit am Centre for European Security Strategies sieht vor dem Hintergrund der USA als Energieselbstversorger das Engagement der USA in Bezug auf die Aufrechterhaltung der Seefahrtwege am Persischen Golf jedenfalls reduziert. „Die Erwartungshaltung an die Europäer, diese Aufgabe zu übernehmen, wird wachsen."[50]

Entwicklungsprozesse, die bereits im Gange sind, könnten beschleunigt werden, etwa die Verlagerung des strategischen und ökonomischen Interesses der USA in den pazifischen Raum. „Die Straße von Hormus (Anm. der Autoren: strategisch hochsensible Stelle, Meerenge zwischen Iran und den Vereinigten Arabischen Emiraten beziehungsweise dem Golfstaat Oman. Falls die Stelle unpassierbar werden würde, würden dem globalen Markt plötzlich ein Fünftel bis ein Viertel der benötigten Ölmengen fehlen[51]) und die Straße von Malakka (Anm. d. Autoren: Meeresstraße in Südostasien, die die Andamanensee mit dem Südchinesischen Meer und dem Javasee verbindet und bedeutendster Seeweg der globalisieren Welt. 20–25 Prozent des Welthandels passieren die Meerenge) sind als Transportrouten

[47] Dr. Kirsten Westphal „Die Energiewende global denken", S. 38 ff. in Yellow Paper, „Europas Energiewende" www.euractiv.de.

[48] Benannt nach dem US-Präsidenten Jimmy Carter, 1980: Jeder, der versucht, die Kontrolle über den Persischen Golf zu erlangen, greife die „vitalen Interessen" der USA an … man werde sich mit allen Mitteln wehren.

[49] Kirsten Westphal, „Nichtkonventionelles Öl und Gas – Folgen für das globale Machtgefüge" in SWP aktuell 16. Februar 2013.

[50] Frank Umbach, Vortrag auf den Bensberger Gesprächen 2013, Dokumentation unter http://www.bpb.de/veranstaltungen/dokumentation/157801/bensberger-gespraeche-2013 Zugegriffen: 1. Juni 2014.

[51] http://www.peak-oil.com/2011/11/syrien-iran-und-konflikte-in-der-strategischen-ellipse/ Zugegriffen: 1. Juni 2014.

sowohl für China als auch für Japan und Südkorea – enge Partner Amerikas – von fundamentaler Bedeutung. Ebenso wie die USA baut China seine militärischen Kapazitäten in der Region aus. Das Dilemma ist beidseitig – China ist ebenso wie Japan und Südkorea auf freie Passagen angewiesen, doch die Angst vor einer Blockade dieser vitalen Seewege sitzt bei allen Beteiligten tief.[52]

In der BND-Studie wird eine potenzielle Veränderung der Beziehung der USA zur weiter aufstrebenden Macht China in der Folge des Schiefergasbooms positiv bewertet, da die Abhängigkeit der Handelsrouten am Persischen Golf weiter sinken wird. „Die außen- und sicherheitspolitische Handlungsfreiheit für Washington dürfte wachsen … was auch den Handlungsspielraum in anderen Politikfeldern erhöhen wird", analysiert Dr. Andreas Rinke, politischer Chefkorrespondent der Nachrichtenagentur Reuters in der Zeitschrift „Internationale Politik"[53].

7.3.3 Folgen für den Energiegiganten Russland und Europa

Rienke beschreibt die Folgen eines möglichen weltweiten Schiefergasboom als einschneidend: „Die Schiefergas-Revolution kann für einen erheblichen Zeitraum im 21. Jahrhundert zu einem Paradigmenwechsel in den internationalen Beziehungen führen: Westliche Demokratien könnten insgesamt unabhängiger von ihren bisherigen Lieferanten fossiler Brennstoffe werden."[54] So könnte ein langanhaltender Schiefergasboom weitreichende Folgen auf den Energiegiganten Russland haben, der bislang über langfristverträge Marktanteile und Preisniveau seiner Rohstoffe absichert.

Auch vor der Krise in der Ukraine war der Rohstoffgigant bereits in Bedrängnis geraten. Die EU hatte ein Antimonopolverfahren gegen Gazprom eingeleitet, um zu untersuchen, ob Gazprom seine Alleinstellung auf dem Markt in Mittel-Ost-Europa missbraucht und seinen Kunden unfaire Preise aufzwingt. Auch das dritte Energiepaket der EU aus dem Jahr 2009, mit dem Ziel, die Strom- und Gasmärkte in der EU weiter zu liberalisieren und die Verbraucherrechte zu stärken, sieht Russland gegen seine Interessen im Westen gerichtet[55]. Und schon lange steht die Nabucco-Pipline, mittlerweile Nabucco West, für die Diversifizierung der europäischen Gasversorgung, die die Europäische Union von Russlands Gas unabhängig

[52] Kirsten Westphal, „Nichtkonventionelles Öl und Gas – Folgen für das globale Machtgefüge" in SWP aktuell 16. Februar 2013.

[53] Andreas Rinke, Schöne neue Welt, Demokratien könnten von der Schiefergas-Revolution am meisten profitieren in Internationale Politik, März/ April 2013 Zugegriffen: 4. Juni 2013.

[54] Ebenda.

[55] Gipfel der Verstimmung, Süddeutsche Zeitung vom 4.6.2013, http://www.sueddeutsche.de/45Y38w/1350130/Gipfel-der-Verstimmung.html Zugegriffen: 6. Juni 2013.

machen soll. Unter Umgehung von Russland soll von der bulgarisch-türkischen Grenze das Gas aus Aserbaidschan nach Österreich geliefert werden.

Doch Putins völkerrechtswidrige Annexion der Krim und die fortwährenden Unruhen in der Ukraine haben den Europäern ihre tatsächliche Abhängigkeit von Russland als Energielieferanten verdeutlicht. Sanktionsversuche blieben mehr oder minder erfolglos, denn zumindest die Einnahmen aus dem Gasgeschäft sind für die russische Regierung nicht von vitaler Bedeutung. Kirsten Westphal, Energieexpertin bei der Stiftung Wissenschaft und Politik: „Im Grunde genommen bekommt Russland mehr Geld, finanziell bessere Mittel, aus den Erdöl-Verkäufen denn aus den Gas-Verkäufen. Wir reden von ungefähr 50 Prozent für den Staatshaushalt, die wirklich aus Ölverkäufen kommen und nur ungefähr fünf Prozent – und das sind schon hoch gegriffene Zahlen – aus dem Erdgas.“[56]

Zwar hatte Russland bereits unter dem stark gestiegenen Angebot an Schiefergas auf dem internationalen Energiemarkt gelitten, der in Bewegung geraten ist. Die Nachfrage nach russischem Gas war gesunken (in Europa 2012 – 2,3 Prozent), was sich negativ auf die russischen Preise ausgewirkt hat. Drei Dollar kostet Gas pro BTU[57] in den USA, in Moskau ursprünglich zehn Dollar.[58]

Doch während der Ukraine-Krise zeigte sich, dass „kurzfristig eine gesicherte Energieversorgung ohne Russland nicht machbar ist, auch mittelfristig wird sie nur mit Russland komfortabel sein“, sagt Kirsten Westphal.

7.3.4 Mit LNG-Importen gegen die Gasabhängigkeit von Russland?

Viele Länder Europas sehen durch die Krise in der Ukraine die eigene Energiesicherheit gefährdet. Schließlich kommt in Europa ein Drittel, in Deutschland sogar knapp 40 Prozent, der Gasversorgung aus Russland. Doch sollte etwa Deutschland kurzfristig auf russisches Gas zu verzichten, würde das zu einem Preisanstieg von fünf bis zehn Prozent führen, Polen und Ungarn hingegen würde es schon mit 20 Prozent treffen, kalkuliert Christian Growitsch, Direktor am Energiewirtschaftlichen Institut der Universität Köln.[59]

---

[56] Kirsten Westphal in einem Interview mit dem Mitteldeutschen Rundfunk „Wie abhängig ist Deutschland von Russlands Erdgas?“, http://www.mdr.de/mdr-info/abhaengigkeit-von-russischem-erdgas100.html. Zugegriffen: 1. Juni 2014.

[57] British Terminal Unit, Größeneinheit im Energiesektor.

[58] Stefano Casertano „Der Traum vom Schiefergas“ in The European, http://www.theeuropean.de/stefano-casertano/5407-fracking-und-schiefergas. Zugegriffen: 14. Uni 2014.

[59] http://www.zeit.de/wirtschaft/2014-04/energiesicherheit-in-europa-gasimporte-aus-russland. Zugegriffen: 14. Juni 2014.

Die russische Führung hat sich langfristig zudem für den Gasabsatz nach Asien orientiert, der russische Staatskonzern Gazprom wird ab 2018 jährlich 38 Milliarden Kubikmeter Gas an den chinesischen Öl- und Gaskonzern CNPC liefern.

Welche Alternativen hat Europa, sich aus der Abhängigkeit von russischem Gas zu winden? EU-Energiekommissar Günther Oettinger forderte bei der Gelegenheit eine neue Chance für die Förderung von Schiefergas in Deutschland, und auch LNG-Importe aus den USA wurden als geeignete Gegenmaßnahme genannt. Doch die Menge an frei gehandeltem LNG reicht nicht, um den europäischen Bedarf zu decken und so das russische Gas zu ersetzen. Zudem würde eine stärkere Versorgung über Flüssiggas, das statt über Pipelines mit Schiffen transportiert wird, die Preise zusätzlich erhöhen. „Die Dinge sind selten alternativlos, sie werden nur irgendwann teuer", sagt Christian Growitsch.

Nach Meinung von Dr. Josef Braml von der Deutschen Gesellschaft für Auswärtige Politik (DGAP), bietet die Aussicht auf billiges durch Fracking gewonnenes Erdgas aus den USA keine Perspektive. „Geopolitisch fixierte Kommentatoren, die ein transatlantisches Gegengewicht zu Russlands Energiemacht fordern, übersehen wirtschaftliche Zusammenhänge. Es fehlt hüben wie drüben an aufwändiger Infrastruktur, die es ermöglicht, Erdgas für Transportzwecke zu verflüssigen bzw. wieder in Gasform zu verwandeln. Ob die enormen Investitionen für Kapazitäten im Bereich des Liquefied Natural Gas (LNG) getätigt werden, ist in freien Marktwirtschaften eine Frage des Preises. Anders als die staatlich gelenkten Energiekonzerne Russlands, die ihre Geschäftsbeziehungen häufig geopolitischen Zielen des Kremls unterordnen müssen, können amerikanische Firmen nicht dazu gezwungen werden, in weniger aussichtsreiche Projekte zu investieren. Auch können sie nicht dazu angehalten werden, Gas nach Europa zu liefern, wo sie (nicht zuletzt aufgrund der derzeitig noch variablen Preispolitik Russlands) sehr viel weniger erhalten würden, als die Asiaten zu zahlen bereit sind.[60]

In der Tat ist von den teuren Terminals in Deutschland noch nicht einmal das erste fertiggestellt, der Bau in Wilhelmshaven verzögert sich seit Jahren. Claudia Kemfert, Energieexpertin beim Deutschen Institut für Wirtschaftsforschung: „Die Ostsee-Pipeline anstelle eines Flüssig-Gas-Terminals, dadurch hätte man die Abhängigkeiten verhindern können. Es war eine gezielte politische Entscheidung, dass die Abhängigkeiten heute so hoch sind."[61]Mittelfristig bietet nur Diversifizierung und eine gemeinsame EU-Energiepolitik eine realistische Alternative.

---

[60] Ebenda.

[61] Dr. Josef Braml, Energieversorgung: Welche Alternativen hat Europa? Europas eigene Energie ifo Schnelldienst 9/2014 – 67. Jahrgang – 15. Mai 2014.

7.4 Fracking darf nicht zum Einsatz kommen

Fracking ist eine Hochrisikotechnologie, die auf keinen Fall zur Anwendung kommen soll. Der Übergang zu Erneuerbaren Energien ist problemlos ohne die weitere Nutzung fossiler Brennstoffe zu schaffen, sind die politischen Kritiker der Shale-Gas-Förderung überzeugt und untermauern ihre These mit Studien.

7.4.1 Relevante Studien

Den Betrachtungen liegen dieselben Daten der IEA zugrunde, jedoch kommen die Kritiker zu gänzlich anderen Schlüssen. Für die EWG Energy Watch Group (EWG) ist die Endlichkeit fossil-nuklearer Energiequellen ein sicherer Fakt. Die Energy Watch Group wird getragen von der Ludwig-Bölkow-Stiftung und wurde von dem Bundestagsabgeordneten Hans-Josef Fell (Bündnis 90, Die Grünen) zusammen mit weiteren Parlamentariern initiiert. Stiftungsziel ist es, den gesellschaftlichen Umbau zu nachhaltigen Energie- und Wirtschaftsstrukturen zu unterstützen. Nach Auffassung der EWG blenden die IEA-Daten zu den unkonventionellen Ressourcen mögliche geologische Begrenzungen aus.[62] Das IEA-Szenario basiert ferner auf der Annahme, dass der Erdgas- und Erdölverbrauch in den USA um 50 Prozent zurückgehen wird, was jedoch nicht gesichert, hierfür wäre das IEA-„Efficient Energy Szenario" notwendig, was beinhaltet, dass wesentlich mehr Energie-Effizenz-Maßnahmen durchgeführt werden als zum aktuellen Zeitpunkt. Die Schiefergasförderung in den USA ist laut der Studie nahe dem Fördermaximum, die Förderung wird bald zurückgehen. Die Abb. 7.3 zeigt die Erdgasförderung bis 2030 gemäß historischer Daten und gemäß in der Studie präsentierten Szenario-Rechnungen.[63] De facto werden weder leichtes Tight Oil in den USA noch Schiefergas ein Game-Change sein, heißt es. „Sie können da im Prozentbereich vielleicht ein bisschen was drehen. Mit viel Aufwand und viel Kollateralschäden."[64]

Nach Auffassung der Autoren ist jetzt der Zeitpunkt, Techniken für regenerative Energiequellen nutzbar zu machen.

Den Erfolg der unkonventionellen Erdöl- und Erdgasförderung in den USA schreibt die Studie hingegen den spezifische Bedingungen zu: der gut ausgebauten Erdgasinfrastruktur, der hohen direkten Abhängigkeit von Arbeitsplätzen in der

[62] http://www.mdr.de/nachrichten/abhaengigkeit-von-russischem-erdgas100_zc-e9a9d57e_zs-6c4417e7.html. Zugegriffen:14. Juni 2014.

[63] Ebenda.

[64] http://www.manager-magazin.de/unternehmen/artikel/0,2828,892510-3,00.html am 4.4.2013.

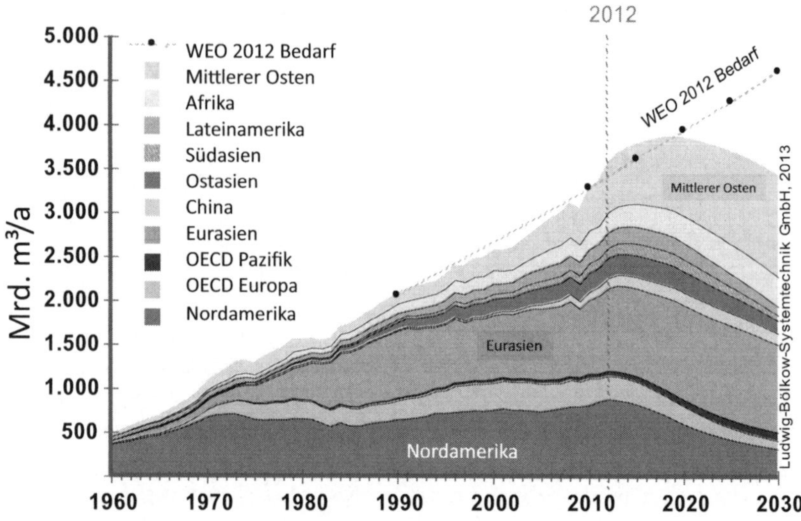

Abb. 7.3 Weltweite Erdgasförderung gemäß den Studien vom IEA und EWG bis zum Jahr 2030. (Quelle: EWG-Studie vom März 2013)

Öl- und Gasindustrie, die dort de facto enormen Potenziale an unkonventionellen Kohlenwasserstoffvorkommen in Gegenden mit geringer Bevölkerungsdichte, sowie finanzielle Anreize für Börsen notierte Firmen und die Befreiungen für die Unternehmen von bestimmten Umweltregularien.

Nach Ansicht der Kritiker lohnt es also nicht, eine Technik einzuführen, die bis dato mit erheblichen Umweltrisiken behaftet ist (s. Kap. 6.1) und deren Kosten auf Umwelt und Staatskonto verbucht werden (s. Kap. 6.2). Wichtigstes Instrument hierbei ist eine Umschichtung der Fördermittel sowie eine Steigerung der Energieeffizienz.

Diese Kriterien stehen auch bei Greenpeaces „Fourth Global Energy [R]evolution Scenario" im Vordergrund. Nach diesem Papier ist die Energieversorgung umweltfreundlich ohne fossile Brennstoffe problemlos möglich.[65] Unter anderem sind Photovoltaik, Windenergie, Biomasse, Wasserkraft, Enhanced Geothermal Systems (EGS) und Meeresenergie die Träger der neuen Energielandschaft (s. Abb. 7.4). Die wesentlichen und weitere innovative Ansätze werden folgend kurz beschrieben:

---

[65] http://www.renewableenergyworld.com/rea/news/article/2012/12/greenpeace-calls-for-revolution. Zugegriffen: 10. Juni 2013.

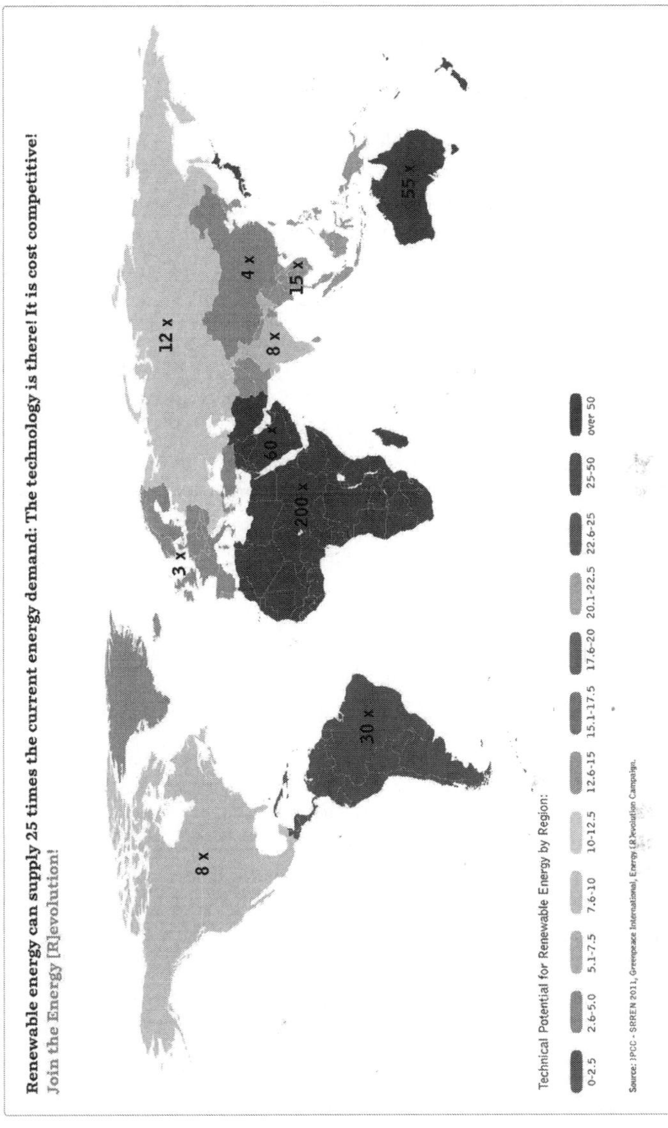

Abb. 7.4 Potenzial Erneuerbarer Energien bis zum Jahr 2050 nach Energiequellen (Quelle: Greenpeace)

7.4.2 Alternative und innovative Methoden zur Energiegewinnung[66]

Schon lange wird nach Alternativen zu den fossilen Brennstoffen gesucht, deren Ende schon lange prognostiziert wurde. Zudem tragen alternative Energiequellen zur Erreichung des gesetzten Klimaziels bei. Mit vielen Förderprogrammen wurden in den letzten Jahren etwa die Solarenergie in Deutschland unterstützt, Biokraftstoffe in weiten Gebieten der Europäischen Gemeinschaft. Einige alternative Quellen stehen in der öffentlichen Kritik, etwa Biokraftstoffe wegen des hohen Wasserverbauchs und der Nutzung von Agrarflächen für Kraftstoffe statt zur Lebensmittelerzeugung. Dennoch war 2013 ein Rekordjahr für die Erneuerbaren Energien, so die aktuelle Bilanz des Bundesverbandes der Deutschen Energie- und Wasserwirtschaft, mit einem Anteil der Erneuerbaren Energien am Stromverbrauch von 25 Prozent. Trotz heftiger Kritik wegen der hohen Kosten – sowohl für die Industrie, als auch für die Endverbraucher –, verfolgt die Bundesregierung eine grundlegende Reform des Erneuerbare-Energien-Gesetzes (EEG 2014). Schwerpunkte bilden eine fundierte Verbraucherberatung zu effizienten Heizungsanlagen sowie die Weiterentwicklung der Wärme-Standards für Neubauten.[67] Und der Anteil in Deutschland steigt beständig (s. Abb. 7.5), die Ziele der Bundesregierung sind hochgesteckt: Bis spätestens zum Jahr 2050 soll dieser Anteil mindestens 80 Prozent betragen. An der gesamten Wärmeversorgung soll der Anteil der erneuerbaren Energien im Jahr 2020 14 Prozent betragen.[68]

Im Einzelnen sind die alternativen Möglichkeiten der Energiegewinnung im Folgenden aufgeführt.

Die Energie der Sonne Die Sonnenenergie, die Energie der Sonnenstrahlung, die in Form von elektrischem Strom, Wärme oder chemischer Energie technisch genutzt werden kann, ist weltweit verbreitet, Schätzungen zufolge liefert die Sonne umgerechnet täglich den weltweiten Energiebedarf von acht Jahren. In letzter Zeit steht die Technik in Deutschland im Kreuzfeuer der Kritik, das sie im Ruf steht, nur durch die hohe Förderung wirtschaftlich zu sein. In ärmeren Regionen der Welt kann die Technik jedoch maßgeblich zur Energieversorgung beitragen.

Kraftstoff aus Pflanzen Bioerdgas ist ein erneuerbarer Energieträger, der durch Veredelung von Biogas entsteht und dieselben Eigenschaften besitzt wie Erdgas.

[66] Definitionen aus dem Eon-Branchenreport Erdgas 2011.

[67] Entwurf eines Gesetzes zur grundlegenden Reform des Erneuerbare-Energien-Gesetzes und zur Änderung weiterer Bestimmungen des Energiewirtschaftsrechts.

[68] http://www.bmu.de/themen/klima-energie/erneuerbare-energien/kurzinfo/ Zugegriffen: 6. April 2013.

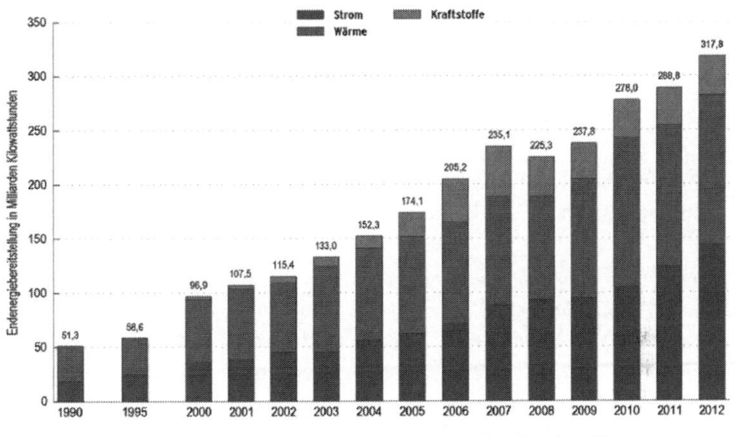

Erneuerbare Energien in Deutschland
2012 2

Abb. 7.5 Ausbau der erneuerbare Energien in Deutschland

Vorteil: Bei der Verbrennung von Bioerdgas wird nur so viel Kohlendioxid freigesetzt, wie die zu seiner Herstellung genutzte Biomasse zuvor der Atmosphäre entzogen hat. Bioerdgas kann dezentral produziert und ins Erdgasversorgungsnetz eingespeist werden. Biogas entsteht durch die Vergärung von organischem Material. Das dabei entstehende Gas kann nach einer Nachbehandlung als Brennstoff verwendet werden. Biogas als Brennstoff ist chemisch identisch mit Erdgas, kann aber nicht ins Erdgasversorgungsnetz eingespeist werden.

Effiziente Wärme- und Stromerzeugung Kraft-Wärme-Kopplung (KWK) ist ein Energieerzeugungs- und Umwandlungsverfahren, das gleichzeitig Strom und Wärme liefert. Die Abgabe ungenutzter Abwärme wird vermieden. Kumulierter Energieaufwand (KEA) ist eine Größe, die angibt wie viel Primärenergie für die Herstellung, Nutzung und Beseitigung eines Produktes anfällt.

Blockheizkraftwerke (BHKW) hingegen produzieren gleichzeitig Wärme und Strom nach dem Prinzip der Kraft-Wärme-Kopplung. Sie werden vorzugsweise am Ort des Wärmeverbrauchs betrieben, können aber auch Nutzwärme in ein Nahwärmenetz einspeisen.

Schadstofffreie Brennstoffzellen Brennstoffzellen (engl. Fuel Cells) wandeln chemische in elektrische und thermische Energie um. Im Gegensatz zur konventionellen Wärmeerzeugung funktionieren sie ohne Verbrennungsprozess und stoßen praktisch keine Schadstoffe aus. Die Anwendung von Brennstoffzellen wird derzeit in Pilotversuchen getestet. In Deutschland haben sich Energieversorger und Heizgerätehersteller mit der Bundesregierung zusammengeschlossen, um in einem Praxistest den Einsatz von Brennstoffzellen in 800 Eigenheimen zu erproben. Ziel ist es, bis 2015 Brennstoffzellenheizgeräte auf den Markt zu bringen.

Gas für Autos und Lkws CNG Compressed Natural Gas, komprimiertes Erdgas zur Verwendung hauptsächlich als Kraftstoff in Fahrzeugen. (s. a. Kap. 5)

Sparsame lokale Energiegewinnung Dezentrale Energieerzeugung bezeichnet die verbrauchernahe Produktion von Wärme und Strom. Dabei kommen beispielsweise Erneuerbare Energien – oft in Kombination mit KWK-Anlagen (Kraft-Wärme-Kopplung) – zum Einsatz. Gegenüber zentralerzeugter Energie mit hohen Umwandlungs- und Verteilungsverlusten spart die dezentrale Erzeugung große Mengen an Brennstoff. Dezentral produzierte Energie lässt sich entweder vor Ort einsetzen oder ins öffentliche Netz einspeisen.

Die Kraft des Ozeans Meeresenergie: verschiedene Formen von mechanischer, thermischer und physikalisch-chemischer Energie, die energetisch in den Weltmeeren vorhanden sind. Auch die Energie des Windes spielt hierbei eine Rolle. Meeresströmungskraftwerke sind wetterunabhängiger als etwa Windkraftwerke, sind aber in der Entwicklung noch am Anfang und von der Kostenseite bis jetzt noch nicht interessant.

7.5 Diskussion in Deutschland und Europa

7.5.1 Deutschland und das Ziel Energiewende

Den Aufbruch in das Zeitalter der Erneuerbaren Energien und der Energieeffizienz hat sich die deutsche Bundesregierung 2012 unter dem Stichpunkt Energiewende auf ihre Fahne geschrieben: „Die Bundesregierung hat beschlossen, dass die Energieversorgung Deutschlands bis zum Jahr 2050 überwiegend durch erneuerbare Energien gewährleistet werden soll", ist auf der Seite des Bundesumweltministeriums zu lesen, was der Gesetzentwurf der Großen Koalition zur grundlegenden Reform des EEG 2014 bestätigt. Die unkonventionelle Förderung von Gas nimmt in dieser Diskussion eine kontroverse Stellung ein, insbesondere, weil die Energiesicherung durch Erneuerbare Energien auf der Mittelstrecke immer wieder infrage[69] gestellt wird, in erster Linie, was den Netzausbau betrifft.

Für die interessierte Industrie werden unter Umständen durch die Förderung von Ressourcen aus unkonventionellen Lagerstätten die neuen Technologien der Energiewende an sich gefährdet. Markus Kerber vom BDI, der einen länger anhaltenden Schiefergasboom sieht, erwartet Konsequenzen: „Wenn sie durch das billige Gas die CO_2-Emissionen schon reduziert haben, sinkt natürlich auch ihr Anreiz, massiv in Erneuerbare zu investieren. Das hat direkte Auswirkungen auf die deutsche Industrie, denn wir machen die Energiewende ja auch, um neue Technologien zu exportieren. Aber wenn jetzt weltweit Gas auf dem Vormarsch ist, dann sinkt der Anreiz für die Politiker in diesen Ländern, auch Erneuerbare im großen Maßstab zu fördern. Und das betrifft dann Technologie aus Deutschland." [70]

Energiepreise in der Diskussion Auf der Gegenseite argumentiert der Wirtschaftsverband Erdöl- und Erdgasgewinnung für bezahlbare Energie für die deutsche Wirtschaft, um auch international wettbewerbsfähig zu bleiben. Sprecherin Miriam Strauch: „Und um diesen Bedarf zu decken, müssen wir auch die Chancen der eigenen Ressourcen hier nutzen … Schließlich muss ja jeder Kubikmeter Gas, der hier gefördert wird, nicht importiert werden."[71] Und auch der Präsident des Bundesverbands der Deutschen Industrie, Ulrich Grillo, setzte in einem Interview mit der FAZ Ende Januar Prioritäten in diesem Sinne: „Wir können uns langfristig keine grünen Gedanken erlauben, wenn wir nicht schwarze Zahlen schreiben."

Neben den Industrieverbänden waren es im April 2013 auch die Gewerkschaften, die sich offen für Fracking zeigten.[72]

95 Prozent der konventionellen deutschen Gasförderung finden im norddeutschen Gebiet statt, in Niedersachsen sind die größten Vorkommen (Abb. 7.6).

In Deutschland (hauptsächlich in Niedersachsen) hat es bis heute ca. 300 Fracks gegeben. Während in den meisten Bundesländern ein faktisches Frackingmoratorium besteht, hat sich Niedersachsen kürzlich dafür ausgesprochen, dass Fracking

[69] „Im dritten Quartal 2012 investierten Unternehmen nur noch 56,6 Mrd. US$ in Projekte mit Erneuerbaren Energien, 20 Prozent weniger als im Vergleichszeitraum des Vorjahres … der ungeklärte Netzausbau stößt hierzulande Investoren ab." In http://green.wiwo.de/kolumne-fracking-verandert-die-welt-und-die-energiewende/ Zugegriffen: 10. Juni 2013.

[70] Wir brauchen mehr Europa!, Interview mit dem Hauptgeschäftsführer des BDI, Markus Kerber in der Zeitschrift Internationale Politik 2, März/April 2013, S. 30–35.

[71] http://www.dradio.de/dkultur/sendungen/laenderreport/2066503/ Zugegriffen: 9. April 2013.

[72] http://www.welt.de/wirtschaft/energie/article115595849/Industrie-und-Gewerkschaften-offen-fuer-Fracking.html Zugegriffen: 2. Mai 2013.

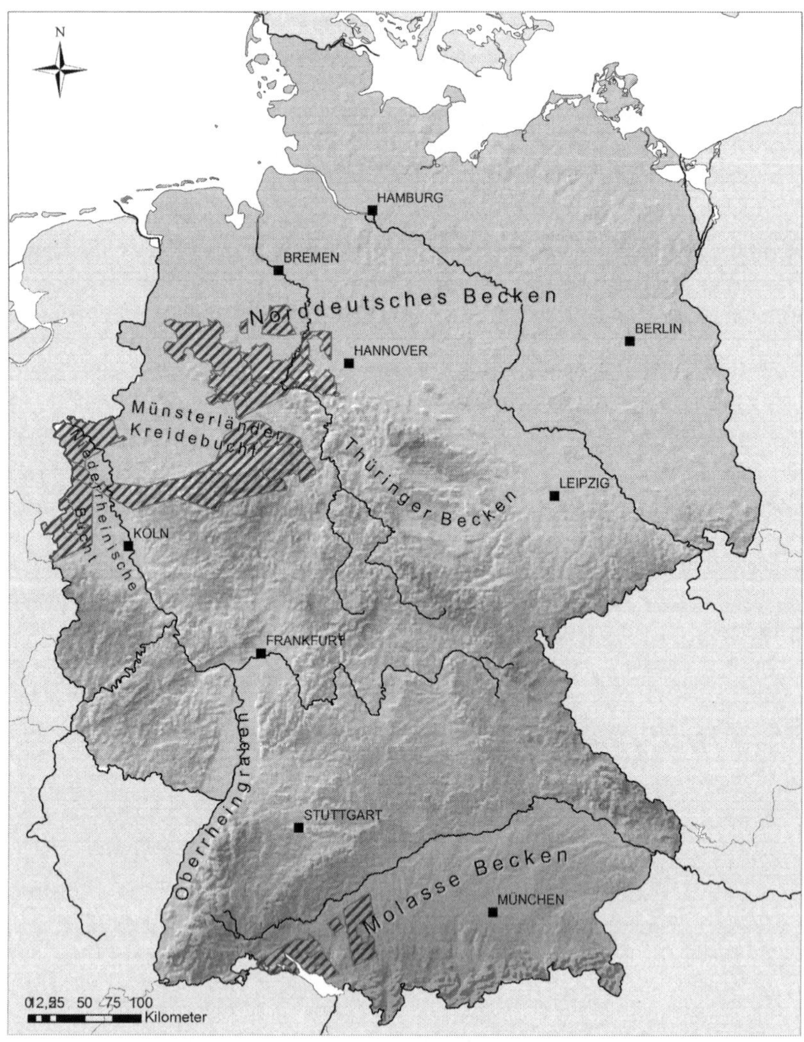

Abb. 7.6 Abschätzung des Erdgaspotenzials aus dichten Tongesteinen (Schiefergas). Schraffiert = Regionen mit grundsätzlichen geologischen Verhältnissen zur Bildung von Schiefergas gepunktet = Bergbauberechtigungen in Deutschland zur Aufsuchung unkonventioneller Kohlenwasserstoffvorkommen (Stand: 31.12.2011). (Quelle: Bundesanstalt für Geowissenschaften und Rohstoffe (BGR))

unter bestimmten Umständen und nach Umweltprüfungen möglich sein soll, Wirtschaftsminister Olaf Lies kündigte im Mai 2014 eine Bundesratsinitiative seiner Regierung für die weitere Gasförderung an.[73]

Bislang ist die Aufsuchung und Gewinnung von Gas und somit auch von unkonventionellen Lagerstätten in Deutschland nach dem Bundesberggesetz (BBergG) geregelt, eine Umweltverträglichkeitsprüfung bedarf es allerdings erst über einer täglichen Fördermenge von 500.000 m^2, was für Fracking-Vorhaben nicht relevant ist.

Die Bundesregierung hat in ihrem Koalitionsvertrag Fracking so lange ausgeschlossen, wie dabei giftige Substanzen verwendet werden.

Im November 2014 wurde aber ein Gesetzesentwurf vorgelegt, der die kommerzielle Förderung unter strengen Auflagen ermöglichen soll: Wenn eine „Expertenkommission" Fracking in der „jeweiligen geologischen Formation mehrheitlich als grundsätzlich unbedenklich einstuft" und die Landesbehörden zustimmen. Die Opposition übt Kritik: Laut Grünen-Energie-Experte Oliver Krischer wäre Fracking zu 80 Prozent der Fläche möglich, auch in geschützten Natura-2000-Gebieten.[74]

7.5.2 Status quo und Aussichten in der Europäischen Union

In Europa steht eine einheitlichere Politik am Energiemarkt ganz oben auf der Agenda. Bezüglich Fracking herrscht in Europa allerdings kein Konsens. Vorkommen an Flözgas und Schiefergas gibt es vermutet in großen Mengen besonders in Polen und Frankreich, gefolgt von Norwegen, der Ukraine und Dänemark sowie Großbritannien, s. Abb. 4.3. im Kapitel „Die Pläne der Energieversorger".

Die Briten verfolgen seit Anfang dieses Jahres eine „Go for gas"-Strategie. Im März kündigte Finanzminister George Osborne großzügige Steuererleichterungen für Unternehmen an, die in das Schiefergasgeschäft einsteigen. Der Minister setzt hier Anreize für die zurückhaltende britische Wirtschaft, es soll auch sichergestellt werden, dass ansässige Gemeinden von den Ressourcen profitieren, die in ihrer Region gefunden werden.[75]

[73] http://www.faz.net/aktuell/wirtschaft/wirtschaftspolitik/gas-und-oelfoerderung-niedersachsen-haelt-an-fracking-fest-12930147.html Zugegriffen: 1. Juni 2014.

[74] http://www.spiegel.de/wirtschaft/soziales/fracking-industrie-freut-sich-ueber-gesetz-zur-gasfoerderung-a-1004045.html Zugegriffen: 20.11.2014

[75] Budget 2013: George Osborne commits to UK shale gas boom, The Guardian. 20. März 2013 auf http://www.guardian.co.uk/environment/2013/mar/20/budget-2013-george-osborne-shale-gas-boom. Zugegriffen: 17. Mai 2013.

Polen will Schiefergas auf jeden Fall fördern, das Interesse, unabhängiger von russischen Gasimporten zu werden, bestimmt vorrangig den Entscheidungsprozess. Dort gibt es bereits mehrere Probebohrungen. Die Ergebnisse sind allerdings zum Teil enttäuschend[76], weshalb sich Exxon Mobil im vergangenen Jahr bereits aus Projekten zurückzog, ebenso wie der Konzern Chevron, der bereits vor Ort operierte. Frankreich, das Land mit den nach Polen wohl größten Reserven in Westeuropa, hat im Mai 2011 ein generelles Moratorium für Fracking verhängt, In den Niederlanden will das Kabinett mit einer „Strukturvision", die Anfang kommenden Jahres vorgelegt werden soll, den geografischen Rahmen für die Suche nach und die Förderung von Schiefergasvorkommen in den Niederlanden abstecken.[77] Seit den Unruhen in der Ukraine und den Neuwahlen im Mai 2014 liegt das Assoziierungsabkommen zwischen der Ukraine und der EU auf Eis. Ex-Präsident Janukowitsch hatte bereits eine Vereinbarung mit dem transnationalen Konzern „Royal Durch Shell" zur Förderung von Schiedergas geschlossen.

Vonseiten der Industrie besteht auf europäischer Ebene starkes Interesse an der Schiefergasförderung. Gordon Moffat, Direktor des europäischen Verbandes der Stahlproduzenten Eurofer: „Es ist ziemlich überraschend, welchen Einfluss Schiefergas hat. Ich denke, wir werden die Re-Industrialisierung der USA erleben. Die Produktionsverlagerung von Europa in die Vereinigten Staaten findet bereits statt: Im petrochemischen Sektor ist das bereits sichtbar und nun passiert es auch in der Stahlindustrie."[78]

Günther Öttinger, Leiter der EU-Kommission Energie, selbst steht Fracking offen gegenüber: „Wir müssen bereit sein, gewisse Risiken einzugehen, wenn wir wettbewerbsfähig bleiben wollen." Besonders wegen der Ukrainekrise plädiert er für „eine Chance für Fracking".

Zeichen der Akzeptanz der Schiefergasförderung seitens Oettingers waren auch seinen Stellungnahmen im Vorfeld des Europäischen Ratsgipfels im Mai 2013 zu entnehmen[79], von einem Kurswechsel hin zur Stärkung der Wettbewerbsfähigkeit der europäischen Wirtschaft weg vom Klimaschutz war nach dem Gipfel zu lesen[80].

---

[76] Von den ursprünglich geschätzten 5300 Mrd. m^3nicht-konventionelle Gasreserven blieben laut Staatlichen Geologischen Institut im Mai 2013 noch 34–76 Mrd. übrig, Frankfurter Rundschau vom 14. Mai 2013, „Der Traum vom Schiefergas".

[77] Niederlande denken über Fracking nach, Aachener Nachrichten - Stadt/Region und NRW/ Seite 10, Samstag, 31. Mai 2014.

[78] http://www.euractiv.de/energie-und-klimaschutz/artikel/fracking-eu-verunsichert-vomus-schiefergas-boom-007139 Zugegriffen: 4. Mai 2013.

[79] http://www.hans-josef-fell.de/content/index.php?option=com_content&view=article&id=628:eu-energie-gipfel-auf-energiepolitischen-irrwegen&catid=24:schlagzeilen&Itemid=73 Zugegriffen: 6. Juni 2013.

[80] http://www.kas.de/wf/doc/kas_34458-1522-1-30.pdf?130528132022 Zugegriffen: 6. Juni 2013.

Seit 2014 sollen mit dem Forschungsfonds Horizont 2020 (2014 bis 2020) mögliche Auswirkungen und Risiken für die Umwelt bestimmt werden, die durch die Förderung von Schiefergas entstehen könnten. Das soll durch Satellitenüberwachung, die Entwicklung von Modellen und durch wissenschaftliche Empfehlungen für „best practices" erreicht werden. Die Gelder werden an Gaskonzerne fließen, die ansonsten selbst für die Forschung bezahlen müssten, was Umweltaktivisten aufs Schärfste kritisieren.[81]

Gesetzliche Regelungen in der EU Grundsätzlich wollen sich die Europäer beim Thema Fracking alle Optionen offenhalten, wie der Mitteilung der EU-Kommission zur „Erschließung und Produktion von Schiefergas in der EU" zu entnehmen ist. Die Europäische Kommission verzichtet aber bis dato auf europaweite gesetzliche Regelungen der Schiefergasförderung. Sie hat stattdessen im Januar 2014 Empfehlungen (Mindeststandards) veröffentlicht, mit denen sichergestellt werden soll, dass beim Fracking ein angemessener Umwelt- und Klimaschutz gewährleistet ist. Die Empfehlungen sollen allen Mitgliedstaaten, die diese Technik anwenden wollen, helfen, Gesundheits- und Umweltrisiken zu vermeiden und die Transparenz für den Bürger zu verbessern. Sie sollen auch die Grundlage für ausgewogene Wettbewerbsbedingungen für die Industrie bilden und klarere Rahmenbedingungen für Investoren schaffen.[82]

Sollte die Umsetzung zu wünschen übriglassen, behält sich Brüssel vor, später gesetzgeberische Maßnahmen zu ergreifen. Im Juli 2015 will die EU Bilanz ziehen.

In den bestehenden einschlägigen Regulierungen für Erdöl werden unkonventionelle fossile Energieträger nicht erwähnt. Bislang gilt die Gesetzgebung meist aus dem Bergbaugesetz der einzelnen Länder, in Deutschland stammt dieses aus dem letzten Jahrhundert.

In Europa besitzen die Staaten, anders als in den USA, die Eigentumsrechte für die Felder, es gibt keine finanziellen Anreize für Grundbesitzer, Vorkommen ausbeuten zu lassen.

Relevant auch für den Einsatz der Fracking-Technologie sind zurzeit die für die Aufsuchung von Öl europaweit folgende Richtlinien:

1. Richtlinie (94/22/EG) garantiert einen diskriminierungsfreien und transparenten Wettbewerbsmarkt in Europa und eine bessere Versorgungssicherheit. (Richtlinie 94/22/EG vom 30. Mai 1994 über die Erteilung und Nutzung von Genehmigungen zur Prospektion, Exploration und Gewinnung von Kohlenwasserstoffen.

[81] http://www.euractiv.de/sections/energie-und-umwelt/europa-als-spielball-der-fracking-lobbyisten-302798 Zugegriffen: 14. Juni 2014.

[82] http://europa.eu/rapid/press-release_IP-14-55_de.htm zugegriffen: 14. Juni 2014.

2. Richtlinie 2000/60/EG zur Schaffung eines Ordnungsrahmens für Maßnahmen der Gemeinschaft im Bereich der Wasserpolitik.
3. Richtlinie über die Bewirtschaftung von Abfällen aus der Mineral gewinnenden Industrie und zur Änderung (2004/35/EGn)
4. Im Bereich des Stoffrechts greift die REACH-Verordnung, nach der die verwendeten Fracking-Chemikalien nur dann eingesetzt werden dürfen, wenn sie zuvor zu diesem Verwendungszweck bei der Europäischen Chemikalienagentur registriert wurden. Bislang wurden keine Chemikalien für Fracking registriert, Stoffe, die bis zu einer Menge von 1000 t verwendet werden, können allerdings noch ein Jahr später (ab 2011) registriert werden, für kleinere Mengen ist bis 2018 Zeit.[83]
5. Ferner greifen die Bestimmungen zum Schutz von natürlichen Wildtieren, Artenschutzregeln sowie allgemeine Umweltschutzbestimmungen sowie verschiedene Umwelthaftungsbestimmungen.

Bestrebungen nach gemeinsamer Energiepolitik Politisch werden die Stimmen nach einer gemeinsamen Europa-Energiepolitik lauter, ausgelöst auch durch den Versorgungsengpass durch die Ukraine-Krise.

Dr. Braml von der Deutschen Gesellschaft für Auswärtige Politik: „Anstatt sich in Sicherheit (der Abnahmeabhängigkeit Russlands von Europa) zu wiegen oder auf amerikanische Energie-Care-Pakete (LNG-Lieferungen, Anm. d. Autoren) zu warten, sollte Europa sich ernsthaft eigene Gedanken machen, seine Energieabhängigkeit zu vermindern. Neben der Diversifizierung der Energieanbieter und Energieträger, insbesondere der weiteren Förderung erneuerbarer Energien, ist Energiesparen, also Reduzierung der Nachfrage, zukunftsweisend."[84]

Kirsten Westphal, Energieexpertin bei der Stiftung Wissenschaft und Politik ist überzeugt, „dass in der Situation, in der die EU ihre Kräfte im globalen Markt bündeln müsste, es keineswegs als ausgemacht gelten kann, dass die Integration des EU-Energiebinnenmarktes voranschreitet. Dabei hat die EU seit 2009 vor dem Hintergrund des russisch-ukrainischen Gasstreits wichtige Schritte zum Ausbau von Interkonnektoren und LNG-Terminals unternommen."[85] Der Bau des LNG-Terminals in Wilhelmshaven, über den günstiges Schiefergas aus den USA nach Europa gelangen könnte, sollte jetzt vorangetrieben werden: „Wir sollten Lehren

[83] „Förderung von unkonventionellem Gas, Möglichkeiten der rechtlichen Beschränkung", Anne Hawxwell, Wissenschaftliche Dienste, Deutscher Bundestag, 10. Januar 2011.

[84] Dr. Josef Braml, Energieversorgung: Welche Alternativen hat Europa? Europas eigene Energie ifo Schnelldienst 9/2014 – 67. Jahrgang – 15. Mai 2014.

[85] Kirsten Westphal, „Die internationalen Gasmärkte: Von großen Veränderungen und Herausforderungen für Europa" in energiewirtschaftliche Tagesfragen 64. Jg. (2014) Heft 1/2.

aus der (Ukraine, Anm. d. Autoren)-Krise ziehen und damit tatsächlich starten. Und eine Lehre ist: Das kann Deutschland nicht allein machen, sondern das muss es tatsächlich im europäischen Verbund machen, weil natürlich auch Anschluss-Stücke zu anderen Netzen in Europa ausgebaut werden müssten."[86]

Als Reaktion auf die zugespitzte Lage in der Ukraine wirbt der polnische Ministerpräsident Donald Tusk für eine Europäische Energieunion, die die Abhängigkeit der EU von russischen Gasimporten mindern soll.

Claudia Kemfert, Energieexpertin beim Deutschen Institut für Wirtschaftsforschung, DIW: „Grundsätzlich halte ich es für richtig, dass Europa sich besser abstimmt, um die Versorgungssicherheit zu erhöhen. Ob es im Rahmen einer solchen Maßnahme wirklich eine Energieunion geben muss, wird man sehen. Weil sie nicht so funktionieren kann wie eine Bankenunion. Aber was sicherlich richtig ist, ist dass man auch die Solidarität mit den osteuropäischen Ländern im Blick haben muss. Und Deutschland hat hier eine Schlüsselrolle, weil Deutschland eben direkte Verträge mit Russland aushandelt und hier auch die Möglichkeit besitzt, größere Mengen Gas in Europa entsprechend anzubieten."[87]

Doch der EU-Gasmarkt befindet sich ohnehin in einer Transformationsphase. Als Folge von Vertragsneuverhandlungen und Schiedsverfahren stieg der Anteil des Gases, das mit Referenz zu Spotmarkt-Handelsplätzen bepreist wird, auf ungefähr die Hälfte.[88]

Fazit Das Thema Schiefergasförderung bewegt wegen seiner theoretisch positiven Aussichten auf die Energieversorgung vieler Staaten – und der wirtschaftlich positiven Erfahrung im Land der Pioniere USA – stark die politischen Fronten. Ein Plus an Angebot an fossilen Ressourcen oder mehr Energieeffizienz und die Ausrichtung auf Erneuerbare Energien – welcher Weg schlussendlich dauerhaft zu niedrigen Energiepreisen, Exportunabhängigkeit und Versorgungssicherheit führt, darüber streiten Politiker, Wirtschaftsverbände und Experten.

Neben den Interessen der einzelnen Staaten – Energiehunger Chinas oder die deutsche Energiewende – sind in der Zukunft neben der Preisentwicklung anderer Energieträger die politischen Maßnahmen entscheidend, die einzelne Länder ergreifen, welche Rahmenbedingungen für welche Technologien bereitgestellt werden. Der Einfluss der politischen Strukturen sowie lokaler Organisationen auf den

[86] http://www.mdr.de/nachrichten/abhaengigkeit-von-russischem-erdgas100_zc-e9a9d57e_zs-6c4417e7.html Zugegriffen: 14. Juni 2014.

[87] http://german.ruvr.ru/2014_04_24/Polen-wirbt-fur-eine-Europaische-Energieunion-8343/ zugegriffen: 14. Juni 2014.

[88] Kirsten Westphal …

politischen Entscheidungsprozess ist dabei nicht unerheblich – Bürgerinitiative in Deutschland versus Fünf-Jahres-Plan in China. In den Ländern der Europäischen Union rechnen Experten eher mit „Shale-Gas-Evolution".

Auf geopolitischer Ebene sehen Studien großer Think Tanks unter Umständen weitreichende Umwälzungen, dies gilt besonders für das Verhältnis China–USA, die Golf-Region sowie für die Rolle Russlands und die Energiekarte als politischen Trumpf – all das unter der Voraussetzung, der Erfolg der unkonventionellen Förderung fossiler Rohstoffe schreibt weltweit Erfolgsgeschichten.

Literatur

BP Energy Outlook 2030, auf http://www.deutschebp.de/liveassets/bp_internet/germany/STAGING/home_assets/assets/deutsche_bp/broschueren/2012_2030_energy_outlook_booklet.pdf

International Energy Agency, Golden Rules for a Golden Age of Gas 2012, auf http://groundwork.iogcc.org/sites/default/files/WEO2012_GoldenRulesReport.pdf

Andreas Rinke, Schöne neue Welt, Demokratien könnten von der Schiefergas-Revolution am meisten profitieren in Internationale Politik, März/April 2013

Dr. Werner Zittel et altri, Fossile und Nukleare Brennstoffe – die künftige Versorgungssituation, Energy Watch Group/ Ludwig-Boelkow-Stiftung/ Reiner-Lemoine-Stiftung, März 2013

Kirsten Westphal, „Nichtkonventionelles Öl und Gas – Folgen für das globale Machtgefüge" SWP aktuell 16, Februar 2013

Wir brauchen mehr Europa!, Interview mit dem Hauptgeschäftsführer des BDI, Markus Kerber in der Zeitschrift Internationale Politik, März/ April 2013, S. 30–35

A. Lisa Hyland, Sarah O Ladislaw, Davis L. Pumhrey, Frank A. Varrastro Molly A. Waltin, Realizing the Potential of U.S. Unkonventional Natural Gas, A Report of the CSIS Energy and National Security Program auf http://csis.org/files/publication/130409_Ladislaw_RealizingPotentialUnconGas_Web.pdf

Kirsten Westphal, „Die internationalen Gasmärkte: Von großen Veränderungen und Herausforderungen für Europa" in energiewirtschaftliche Tagesfragen 64. Jg. (2014) Heft 1–2

Glossar

Abfackelung engl. burn-off: Verbrennen von Gas ohne Nutzeffekt.

Benzol aromatischer Kohlenwasserstoff C_6H_6, gilt als krebserregend und nach der GHS-Gefahrstoffkennzeichnung der EU-Verordnung als giftig.

Biogas ist ein Gemisch aus den Hauptkomponenten Methan, Wasserstoff, Kohlenstoffdioxid und Schwefelwasserstoff. Es entsteht bei der sauerstofffreien Vergärung von organischem Material.

Biokraftstoff ein Kraftstoff, der aus Biomasse hergestellt wird.

Biomasse erneuerbares Material biologischen Ursprungs, das oft energetisch genutzt werden kann.

Biozid in der Schädlingsbekämpfung eingesetzte Chemikalien und Mikroorganismen. Beim Fracking werden sie zur Bekämpfung von unterirdischen Microorganismen verwendet.

Blow-out der GAU, also der größte anzunehmende Unfall, das unkontrollierte Austreten des Gasgemisches durch die Bohrrohre.

Clean Air Act US-amerikanisches Gesetz zur Luftreinhaltung, dessen Kernstück der Emmissionshandel ist.

Clean Fracking Bemühungen, verbesserte Techniken für Fracking mit reduzierten Umweltbelastungen zu entwickeln, etwa die chemischen Additive in den Frack-Fluids zu reduzieren.

Clean Water Act Gewässerschutzverordnung in den USA.

CLP-Verordnung (Regulation on Classification, Labelling and Packaging of Substances and Mixtures) stellt die Ablösung des bisherigen Einstufungs- und Kennzeichnungssystems der EU durch das GHS-System dar.

Emissionshandel der Handel mit Emissionsrechten, ökonomisches Instrument des Umweltschutzes, mit dem Ziel, den Ausstoß von klimaschädlichen Treibhausgasen zu verringern.

C. Habrich-Böcker et al., *Fracking – Die neue Produktionsgeografie*,
DOI 10.1007/978-3-658-05887-6, © Springer Fachmedien Wiesbaden 2015

Energieeffizienz das Verhältnis von erzieltem Nutzen zu eingesetzter Energie. Zur Messung der Energieeffizienz beziehungsweise deren Steigerung wird die Veränderung der Energieintensität als spezifischer Verbrauch herangezogen. Neben dieser Verwendung auf mikroökonomischer beziehungsweise Prozessebene, wird der Begriff vereinzelnd auch auf makroökonomischer Ebene eingesetzt, welcher dann gleichzusetzen ist mit der gesamtwirtschaftlichen Energieintensität. (BIP/Primärenergieverbrauch).

Energieeffizienz-Maßnahmen Maßnahmen, die darauf ausgerichtet sind, den Energieverbrauch bei der Gewinnung, Umwandlung, Verteilung und Nutzung von Energie zu reduzieren.

Energy Watch Group – (EWG) von der Ludwig-Bölkow-Stiftung getragene Stiftung, initiiert von dem Bundestagsabgeordneten Hans-Josef Fell (Bündnis 90, Die Grünen) zusammen mit weiteren Parlamentariern. Stiftungsziel ist es, den gesellschaftlichen Umbau zu nachhaltigen Energie- und Wirtschaftsstrukturen zu unterstützen.

Erdgas in der Natur vorkommende Primärenergie. Der Rohstoff lagert unterirdisch; er besteht zu 80 bis 99 Prozent aus Methan. Erdgas ist geruchlos, hochentzündlich und nicht giftig.

Erdgasfahrzeuge Erdgas wird seit einigen Jahren verstärkt als Kraftstoff für Kraftfahrzeuge verwendet. An Tankstellen ist Erdgas als H-Gas (High Gas) und L-Gas (Low Gas) erhältlich.

Erneuerbare Energie Energie aus nachhaltigen Quellen wie Wasserkraft, Windenergie, Sonnenenergie und Biomasse.

Flow-Back das Wasser, das nach der Fracking-Bohrung wieder an die Oberfläche zurückfließt, laut bisheriger Erfahrungen beträgt die Menge ca. 20 Prozent inklusive Lagerstättenwasser.

Flözgas aus Kohleflözen, beispielsweise durch eine Bohrung, freigesetztes Erdgas, engl.: coalbed methane (CBM).

Flüssiggas fällt bei der Förderung von Erdgas und Erdöl an. Die Gase werden unter relativ geringem Überdruck verflüssigt und in Flaschen oder Tanks angeboten und bestehen aus leicht verflüssigbaren Kohlenwasserstoff-Mischungen. Die internationale Bezeichnung ist LPG (Liquefied Petroleum Gas).

Formationswasser in den Gesteinsporen enthaltenes Wasser oder allgemein für Fluide. Es bestimmt maßgeblich etwa die elektrischen Eigenschaften eines Gesteins.

Fracking-Fluid aus Wasser, Sand und Chemikalien bestehende Flüssigkeiten, die bei Fracking-Bohrungen in die Tiefe gepresst werden, um die Risserweiterung zu ermöglichen. Die Zusammensetzung besteht etwa zu 80 bis 95 Prozent aus

Wasser, zu 5 bis 20 Prozent aus Sand und keramischen Stützmitteln und zu etwa 1 bis 3 Prozent aus verschiedenen Chemikalien.

Gallone 1 Gallone – 3,79 Liter.

Gas-in-Place (GIP) volumentrische Abschätzung von Gasmengen.

GHS-Verordnung abgeleitet durch die Implementierung des Globally Harmonised System of Classification and Labelling of Chemicals der Vereinten Nationen in die EU, beziehungsweise der CLP-Verordnung (Regulation on Classification, Labelling and Packaging of Substances and Mixtures). Die Verordnung stellt das Schutzniveau für die menschliche Gesundheit und für die Umwelt sicher und dient der Einstufung, Kennzeichnung und Verpackung von chemischen Substanzen.

Henry-Hub-Preis Die Bezeichnung „Henry Hub" kommt von der gleichnamigen Gaspipeline in Erath, Louisiana. Diese ist der offizielle Preismacher für die Natural Gas Futures an der größten Warenterminbörse der Welt, New York Mercantile Exchange, kurz NYMEX. 2007 wurde Henry Hub mit vier innerstaatlichen und neun internationalen Pipelines verbunden.

Horizontalbohrung Technik, bei der innerhalb der Lagerstätte horizontal gebohrt wird und die es erlaubt es, ein Feld mit einer geringeren Anzahl von Bohrungen zu erschließen.

Hub ein Netzknotenpunkt, an dem mehrere Pipelines zusammenkommen. An einem Hub wickeln Käufer und Verkäufer von Erdgas Handelsgeschäfte ab.

Hydraulic Fracturing kurz „Fracking", Methode der hydraulischen Risserzeugung, mit der es möglich wird, Gas- und Ölvorkommen zu fördern, die in tiefen Gesteinsschichten gebunden sind. Ziel ist die Verbesserung des Gasflusses aus dichten Gesteinen zum Bohrloch hin durch die Schaffung von Wegsamkeiten.

International Energy Agency (IEA) Internationale Energieagentur, gegründet 1974 nach der Ölkrise, selbstständige Organisation innerhalb der OECD, bestehend aus 28 Mitgliedsländern. Die IEA definiert vier Schwerpunkte: Energiesicherheit, wirtschaftliche Entwicklung, Umweltbewusstsein und Engagement weltweit.

Klimaschutz Sammelbegriff für Maßnahmen, die der globalen Erwärmung entgegenwirken. Die Reduktion von Kohlendioxid (CO_2) ist ein wichtiges Ziel, das im Rahmen des Klimaschutzes verfolgt wird. CO_2 entsteht unter anderem bei der Verbrennung fossiler Energieträger.

Kohlendioxid – (carbon dioxide) ist ein klimaschädigendes Gas, das bei der Verbrennung kohlenstoffhaltiger Kraft- und Brennstoffe entsteht. Der Schadstoffgehalt von Erdgas-Verbrennungsresten ist deutlich geringer als bei anderen Brennstoffen.

Kraft-Wärme-Kopplung kurz KWK, gekoppelte Erzeugung von Strom und Wärme.

Lagerstättenwasser Wasser, das natürlicherweise in einer Lagerstätte vorkommt.

Liquified Natural Gas kurz LNG, hoch verdichtetes Erdgas, das sich über weite Strecken transportieren lässt. Das Erdgas auf etwa minus 160 °C heruntergekühlt, und verflüssigt. Am Zielort wird das LNG in speziellen Terminals wiederverdampft und ins Erdgas-Leitungssystem eingespeist. Ein Kubikmeter LNG ergibt nach der Wiederverdampfung bis zu 600 m^3 Erdgas.

LNG-Technik Gas wird gekühlt und komprimiert und dann als Liquified Natural Gas auf Containern verschifft.

Methan farb- und geruchloses Gas, ungiftig und brennbar, das zu Kohlendioxid und Wasser verbrennt. Es ist Hauptbestandteil von Erdgas, nach Kohlendioxid ist Methan das am meisten emittierte Gas. Es gehört zu den klimarelevanten Treibhausgasen.

N.O.R.M. naturally occuring radioactive materials, natürlich auftretendes radioaktives Material.

Ölpreisbindung Kopplung der Preise für Gas und Öl als Konkurrenzenergien. Der Gaspreis orientiert sich an der Entwicklung des Ölpreises.

Ölsand Sand, aus dem unkonventionelles Erdöl gewonnen werden kann, da er Kohlenwasserstoffe enthält.

Ölschiefer tonige Sedimentgesteine mit einem relativ hohen Anteil an organischem Material, aus dem erst durch Destillation Öl und brennbares Gas extrahiert werden kann.

OPEC Organization of Petroleum Exporting Countries mit Sitz in Wien. Derzeitige Mitgliedsländer: Algerien, Angola, Ecuador, Irak, Iran, Katar, Kuwait, Libyen, Nigeria, Saudi Arabien, Venezuela, Vereinigte Arabische Emirate (VAE).

OPEC-Korb-Preis Preiskorb aus den OPEC-Referenzölen Arab Light.

Primärenergie die Energien, die mit den natürlich vorkommenden Energieformen oder -quellen zur Verfügung stehen. Dazu gehören fossile Energieträger (Erdgas und Kohle) sowie regenerative Energiequellen wie Sonne und Wind.

Proppants Stützmittel zum Offenhalten von im Zuge eine Stimulationsmaßnahme geweiteten oder erzeugten Klüften. Die Stützmittel werden in die Klüfte eingespült. Neben Sanden kommen hier Keramikkügelchen in Frage.

REACH-Verordnung Registration, Evaluation, Authorisation and Restriction of Chemicals, zu Deutsch also für die Registrierung, Bewertung, Zulassung und Beschränkung von Chemikalien. Die EU-Chemikalienverordnung basiert auf dem System der Eigenverantwortlichkeit der Indsutrie und funktioniert nach dem Leitsatz „no data, no market". So dürfen nur noch chemische Stoffe in Verkehr gebracht werden, die vorher registriert worden sind. Die Stoffe müssen eine eigene Registrierungsnummer besitzen.

Reserven der Teil des Gesamtpotenzials von Erdgas oder Erdölvorkommen, der mit großer Genauigkeit erfasst wurde und mit den derzeitigen technischen Möglichkeiten wirtschaftlich und zu heutigen Preisen rentabel förderbar ist.

Ressourcen der Teil des Gesamtpotenzials eines Erdgas- oder Erdölvorkommens, dessen Vorhandensein aufgrund geologischer Bedingungen für wahrscheinlich gehalten werden, die aber noch nicht durch Bohrung bestätigt sind, oder die Vorkommen sind zwar bestätigt, aber (noch) nicht rentabel gewinnbar sind.

Safe Drinking Water Act SDWA, Trinkwasserschutzgesetz in den USA.

Schiefergas engl. shale gas, Erdgasvorkommen aus unkonventionellen Lagerstätten, die in Tonsteinen gespeichert sind und nur mit unkonventionellen Methoden gefördert werden können.

Tight Gas Gas, das in festen, undurchlässigen Gesteinsformationen eingeschlossen ist.

Treibhauseffekt Erwärmung von Erdoberfläche und Atmosphäre, die durch die Strahlungsbeeinflussung der Treibhausgase verursacht wird. Beispiele für Treibhausgase sind Kohlendioxid, Methan und Lachgas.

Treibhausgasemissionen Treibhausgase sind gasförmige Stoffe, die eine strahlungsbeeinflussende Wirkung haben und somit zum Treibhauseffekt beitragen.

Unkonventionelle Lagerstätten schwer erreichbare Lagerstätten fossiler Brennstoffe, die erst durch moderne Techniken wie Fracking nutzbar gemacht werden können. Dazu zählen unter anderem shale gas (Schiefergas), und CBM (kurz fur Coalbed Methane, Flözgas und eisförmiges Methanhydrat.

Versorgungssicherheit Ziel in der Energiepolitik, zu dem mehrere Faktoren beitragen: moderne Erzeugungstechnologie, ausreichende Transportkapazitäten, ein solider Mix aus grundlastfähigen fossilen Energien und Erneuerbaren Energien sowie breit gefächerte Bezugsquellen.

Vertikalbohrung gängige Form der Bohrung – mehr oder weniger senkrecht nach unten.

Wassergefährdungsklasse kurz WGK – ein Begriff aus dem deutschen Wasserrecht. Vereinfacht bezeichnet sie das Potenzial verschiedener Stoffe zur Verunreinigung von Wasser.

Die wichtigsten Websites

Internationale Energie Agentur (IEA) http://www.iea.org/aboutus/faqs/gas/
European Onshore Energy Association (EOEA) http://www.eoea.eu/
Helmholtz-Zentrum, Postdam http://www.shale-gas-information-platform.org
Exxon http://www.europaunkonventionelleserdgas.de
United Energy Group http://www.unitedenergy.com
Lux Research http://www.luxresearchinc.com/
US-Regierung www.epa/gov/airquality/oilandgas
SEAB Shale Gas Production Subcommittee http://www.shalegas.energy.gov/resources/111811_final_report.pdf
Exxon exxonmobil.com/energyoutlook
KKR http://www.kkr.com/_files/pdf/KKR_report-20121113-Historic_Opportunities_from_the_Shale_Gas_Revolution.pdf
Verband Chemische Industrie http://www.vci.org
http://www.worldenergyoutlook.org/
IEA: Karten http://www.worldenergyoutlook.org/goldenrules/#d.en.27023
Fracking Deutschland http://www.heimische-foerderung.de/faq/link-und-recherchetipps/
US-Vorkommen http://www.eia.gov/oil_gas/rpd/shale_gas.pdf
Wintershall: Interaktives Web-Special http://www.wintershall.com/hydraulic-fracturing
BP http://www.bp.com/statisticalreview
Halliburton http://www.halliburton.com
Exxon-Info Seite http://www.europaunkonventionelleserdgas.de/home
Wirtschaftsverband Erdöl- und Erdgasgewinnung http://www.erdoel-erdgas.de/
Website der ältesten Umweltschutzorganisation der USA www.sierraclub.org,
MIT - Massachusetts Institute of Technology www.mit.edu
Informationsportal der Gasindustrie, finanziert u.a. von Shell, BP, Halliburton, chevron http://www.energyindepth.org/
Vereinigung der amerikanschen Gasindustrie „America's Natural Gas Alliance" http://www.anga.us
Gegen Gasborhren www.gegen-gasbohren.de

C. Habrich-Böcker et al., *Fracking – Die neue Produktionsgeografie*,
DOI 10.1007/978-3-658-05887-6, © Springer Fachmedien Wiesbaden 2015

FSC
www.fsc.org
MIX
Papier aus verantwortungsvollen Quellen
Paper from responsible sources
FSC® C141904

Druck:
Canon Deutschland Business Services GmbH
im Auftrag der KNV-Gruppe
Ferdinand-Jühlke-Str. 7
99095 Erfurt